极简素食

邱爽 ◎ 著

中医古籍出版社
Publishing House of Ancient Chinese Medical Books

图书在版编目（CIP）数据

极简素食 / 邱爽著. --- 北京：中医古籍出版社，
2023.8

ISBN 978-7-5152-2673-6

Ⅰ.①极… Ⅱ.①邱… Ⅲ.①素菜－菜谱 Ⅳ.
①TS972.123

中国国家版本馆CIP数据核字(2023)第107100号

极简素食

邱爽　著

策划编辑	李淳	
责任编辑	吴迪	
封面设计	王青宜	
出版发行	中医古籍出版社	
社　　址	北京市东城区东直门内南小街 16 号（100700）	
电　　话	010-64089446（总编室）010-64002949（发行部）	
网　　址	www.zhongyiguji.com.cn	
印　　刷	水印书香（唐山）印刷有限公司	
开　　本	787mm×1092mm　1/32	
印　　张	6.5	
字　　数	141 千字	
版　　次	2023 年 8 月第 1 版　2023 年 8 月第 1 次印刷	
书　　号	ISBN 978-7-5152-2673-6	
定　　价	68.00 元	

目录

01 素食与健康

02 喷香热菜

热菜常用的烹调方法 036

酿辣椒

043

香煎土豆饼

044

素小炒肉丝

045

剁椒蒸芋头

046

彩蔬炒山药

047

茼蒿炒熏干

048

板栗粉条白菜汤

049

快手豆腐脑

050

芦笋炒口蘑

051

冻豆腐烧盖菜

052

孜然烤香菇

053

手撕包菜

054

酱烧小土豆

055

香煎西葫芦

056

丝瓜油条

057

盖菜咸蛋汤

058

雪菜土豆丝

059

香菇蒸芥蓝

060

腐乳土豆

061

豆腐炒西葫芦

062

拉皮炒杂菜

063

蒸西葫芦夹红薯泥

064

菠菜薯片汤

065

花菜蟹味菇汤

066

糖醋山药

067

素麻婆豆腐

068

辣炒酸豆角

069

甜椒炒百合

070

素蟹黄豆腐

071

Chapter 03 爽口凉菜

制作凉菜的常用配料 074
凉拌菜的点睛之笔——调味油 074
制作放心凉菜的注意事项 075

Chapter 04 快手宴客菜

西兰花炒核桃仁
122

蜜桂山药
123

莲藕豆腐饼
124

白灼芥蓝
125

多彩蔬菜粒
126

椒盐小土豆
127

红酒烤无花果
128

水果燕麦坚果沙拉
129

胭脂藕
130

黑椒洋葱圈
131

麻辣烤豆腐
132

玉米彩椒圈
133

梅渍小番茄
134

素蚂蚁上树
135

藜麦蔬果沙拉
136

水煮豆腐皮
137

橄榄菜蒸豆腐
138

糖醋樱桃小萝卜
139

爽口桔梗丝
140

三杯豆腐
141

黑胡椒素肉排
142

咖喱双花
143

Chapter 05 花样主食

主食制作的技巧 146

解馋小零食

附录

计量单位对照表
1 杯 =250 毫升
1 茶匙固体材料 =5 克
1 茶匙液体材料 =5 毫升
1 汤匙固体材料 =15 克
1 汤匙液体材料 =15 毫升

Chapter

01

素食与健康

　　素食是一种对大家身心都比较健康的饮食法，也是一种可以给地球减负的低碳饮食法。素食者不摄入动物性食物，但要保证素食食材的多样性才能做到营养全面而均衡。

常见的素食形式

根据国际素食者联合会成员的意愿，素食被定义为一种"不食用肉、家禽、鱼及它们的副产品，食用或不食用奶制品和蛋"的习惯。下面是几种常见的素食形式。

纯素食

纯素食者只食用谷物、豆类、蔬菜、水果、坚果等。避免食用所有由动物制成的食品，如肉类、禽类、鱼类、乳制品、蛋类食品等；添加了少量动物类制品的食品，如蜂蜜，奶酪或乳清产品等；涉及动物加工的食品，一般也不会食用白糖、啤酒、醋等。除了食物之外，部分严格素食主义者也不使用动物制成的商品，例如皮草、皮革和含动物性成分的化妆品。

斋食

斋食者会禁食所有由动物制成的食品，以及包括韭菜、大蒜、洋葱、青葱、虾夷葱等在内的葱属植物。

奶素食

奶素食是指这类素食者除了吃奶制品之外，其他与纯素食者一样。

🥦 蛋素食

蛋素食与奶素食类似，只是这类素食者除了吃蛋类制品之外，其他与纯素食者一样。

🥦 蛋奶素食

蛋奶素食是指会吃些蛋类和奶类制成的食品来获取身体所需要的蛋白质，如食用鸡蛋、饮用牛奶等。

🥦 果素食

果素食是指只吃各种水果、果汁或一些植物的果实，不吃谷类、蔬菜和肉类。

🥦 生素食

生素食是将所有食物保持在天然状态，即使加热也不超过47摄氏度。生素食者认为烹调会破坏食物中的营养成分，有些生素食者只吃有机的素食。

营养过剩的肥胖或超重者，最适合多吃点儿素食。

爱上素食的六大理由

素食的好处是很多的，概括起来，至少具有下列 6 大益处。

🧠 预防和调理某些疾病

素食与减少某些慢性病的危险性及减轻其症状之间存在正相关关系。这些慢性病包括：肥胖、肾病、高血压、冠心病、糖尿病和某些癌症。素食之所以能预防疾病，是因为素食中的胆固醇、饱和脂肪和动物蛋白含量比较低，而叶酸（能够降低血清中的高半胱氨酸水平）、维生素 C 和维生素 E 等抗氧化剂，类胡萝卜素和植物化学成分的含量比较高。素食者肺癌、乳腺癌和结肠癌、直肠癌的发病率比非素食者低。

🧠 益寿延年

营养学家研究发现，素食者更长寿。佛教的僧人、基督复临安息日会教友，因素食而高寿。巴基斯坦北部的浑匝人和墨西哥中部的印第安人，都是原始的素食民族，他们的寿命普遍都较长。

🧠 保持适宜体重

素食者较肉食者的体重轻，并且能够较长时间内保持适宜体重。这是因为肉类比植物性食物含有更多的脂肪，而且，肉食者若是摄入过多的蛋白质，这些多余的蛋白质就会在体内转化为脂肪，使其体重上升，身体逐渐发福。新鲜的蔬菜和水果富含多种维生素，不仅能供给人体所需要的营养，还能帮助身体排出废物。

保护环境

吃素食能帮助减少空气污染和废物产生。饲养家禽、猪、牛、羊等释放的甲烷、尿液中的氨、粪肥散发出的有毒气体、农场中为动物加工饲料的机器设备排放出的废气都会影响环境。

节能环保

据国外土壤和农业用水的记录资料显示，一英亩（约 4067 平方米）的土地，可以产出 22678 千克番茄，18144 千克土豆，13608 千克胡萝卜或者仅 113 千克牛肉。从粮食产量最大化的观点来看，占用土地来发展畜牧业是低效的。

心态乐观

素食会令人心平气和、头脑清醒，易造就温和、平易近人的性格。有些人士认为，人在食用肉类时，也会把动物体内的激素一同吃进腹中，使人容易暴躁、发脾气。素食则能愉悦心情，缓解压力，使人时常保持心平气和的状态，此外，动物脂肪易阻塞血管，促进胆固醇的生成，加快身体（包括脑部）老化。素食者的血液相对清洁，脑力也会大为提高。

吃素食能让人精力更充沛！

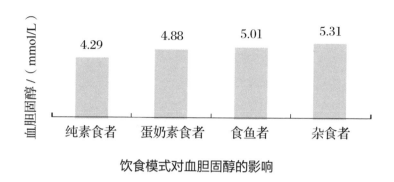

饮食模式对血胆固醇的影响

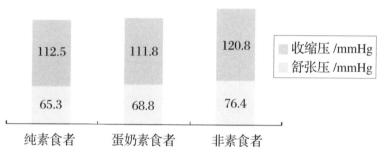

素食者与食肉者血压的比较

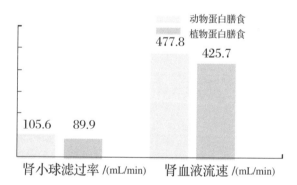

饮食模式对血胆固醇的影响

图表资料来源：《素食者膳食指南》

哪些人群不适宜吃素

很多现代人崇尚吃素，但每个人的健康状况和身体素质不同，素食并不适合所有人，以下人群不适合吃素食：

手术后处于伤口愈合和恢复痊愈阶段的病人，体质虚弱的人群，生长发育期的儿童，处于产褥期、月经期、更年期的女性，都需要摄入大量的优质蛋白质和矿物质，所以不适宜吃素食。

体能消耗量大、体质虚弱的病患，比如患有贫血、甲亢和低血糖的人；工作量较大的体力、脑力劳动者和上夜班的人，也应避免长期素食，不然容易透支体能。

此外，有怀孕计划的女性应在备孕之前的六个月停止吃素；想要通过素食减肥的女性，要看看自己的体形是真的偏胖还是正常，正常体形的女性不必通过素食来减肥。

中国成年人体重分类

分类	BMI /（kg/m^2）
肥胖	BMI ≥ 28.0
超重	24.0 ≤ BMI < 28.0
体重正常	18.5 ≤ BMI < 24.0
体重过低	BMI < 18.5

体重指数 BMI= 体重 / 身高的平方（kg/m^2）

第三届国际素食营养大会
公布的素食膳食指南

- 选择多样化的植物性食物。

- 膳食中应包括各种全谷类、蔬菜、水果、豆类、坚果类。

- 烹调时加香料、植物油。

- 选择未经过细加工的食物，减少过于精细的食物摄入。

- 每天保证摄入 25 ～ 30 克膳食纤维，吃些全麦面包、燕麦等。

- 吃低脂或脱脂食物。对于奶蛋类素食者，应选择低脂或脱脂的食物，避免因频繁摄入该类食物导致脂肪和胆固醇摄入过多。

- 每天保证有 10 分钟的日晒，如果晒太阳少的话，还应适当摄入维生素 D 补充剂。

- 要有广泛的健康的脂肪来源，如坚果、食物种子、鳄梨等。

- 每天 8 杯水（250 毫升 / 杯）。

- 膳食中适量补充维生素 B_{12}。

- 吃含钙丰富的食物，比如绿色蔬菜，如西兰花等。

素食人群膳食指南

本指南的膳食原则参考了《中国居民膳食指南（2022）》，为素食人群的合理膳食提供了科学的指导。

🥦 食物多样化

每天谷类、杂粮、蔬菜水果类、大豆及其制品和坚果，搭配食用；每天至少摄入 12 种食物，每周至少摄入 25 种食物；通过粗细搭配、同类食物互换、色彩搭配来增加食物的品种和数量；建议素食者尽量食用蛋类和奶类。

🥦 谷类为主，适量增加全谷物

每餐都应有谷物，每餐主食不少于 100 克（生重）。主食应为全谷物、杂豆类，减少精制米面的比例，全谷物可以与少许精制米面搭配烹调，口感更佳，如：杂粮粥、杂粮馒头，还应吃些土豆、地瓜等薯类，其碳水化合物含量丰富，可当作主食食用，能补充钾、膳食纤维等。

🥦 蔬菜、水果应充足

对纯素食者而言，蔬菜的选择尤为重要，不仅要承担提供维生素 C 和胡萝卜素的重任，维生素 B_2、叶酸、钙、铁等营养素，也需要从日常摄入的蔬菜等食物中获得。

🥦 增加大豆及其制品的摄入

大豆富含蛋白质、不饱和脂肪酸、B 族维生素、钙、大豆卵磷脂、大豆异黄酮等，可安排在一日三餐中食用，如早上喝豆浆，中午小白菜炖豆腐，晚上炒豆腐皮。发酵豆制品富含素食者容易缺乏的维生素 B_{12}，推荐纯素食者每天吃 5~10 克的发酵豆制品，如腐乳、臭豆腐、豆豉等。

🥦 常吃菌菇和藻类

黑木耳、银耳、杏鲍菇、香菇、平菇、牛肝菌等菌菇中的维生素和矿物质是素食人群维生素（尤其是维生素 B_{12}）和矿物质（如铁、锌）的重要来源。藻类是素食人群 n-3 多不饱和脂肪酸的来源之一，常见的可食用藻类有紫菜、裙带菜、海带等。

🥦 合理选择植物烹调油

素食人群容易缺乏 n-3 多不饱和脂肪酸，应注意选择富含 n-3 多不饱和脂肪酸的食用油，烹炒建议用大豆油或菜籽油，凉拌建议用核桃油、亚麻籽油、紫苏油，因为核桃油、亚麻籽油、紫苏油不饱和脂肪酸的含量较菜籽油和大豆油要高，但不耐热，高温易氧化，所以仅适合凉拌用。

纯素和蛋奶素成年人的推荐膳食组合

纯素人群		蛋奶素人群	
食物种类	**摄入量 / (g·d⁻¹)**	**食物种类**	**摄入量 / (g·d⁻¹)**
谷类	250 ~ 400	谷类	225 ~ 350
其中全谷物和杂豆	120 ~ 200	其中全谷物和杂豆	100 ~ 150
薯类	50 ~ 125	薯类	50 ~ 150
蔬菜	300 ~ 500	蔬菜	300 ~ 500
其中菌藻类	5 ~ 10	其中菌藻类	5 ~ 10
水果	200 ~ 350	水果	200 ~ 350
大豆及其制品	50 ~ 80	大豆及其制品	25 ~ 60
其中发酵豆制品	5 ~ 10	——	
坚果	20 ~ 30	坚果	15 ~ 25
烹饪用油	20 ~ 30	烹饪用油	20 ~ 30
——		奶	300
——		蛋	40 ~ 50
食盐	5	食盐	5

素食人群容易缺乏的营养素的主要食物来源

容易缺乏的营养素	主要食物来源
n-3 多不饱和脂肪酸	亚麻籽油、紫苏油、核桃油、大豆油、菜籽油、奇亚籽油、部分藻类
维生素 B_{12}	发酵豆制品、菌菇类、必要时补充维生素 B_{12} 补充剂
维生素 D	强化维生素 D 的食物，多晒太阳
钙	大豆、芝麻、海带、黑木耳、绿色蔬菜,奶和奶制品（蛋奶素人群）
铁	黑木耳、黑芝麻、扁豆、大豆、坚果、苋菜、豌豆苗、菠菜等
锌	全谷物、大豆、坚果、菌菇类

素食的主要食材有哪些

素食的原料全部是植物性食品。素食常用的原料主要有六类。

蔬菜

蔬菜种类繁多，在素菜中占有重要地位。按照菜的结构和可食部位，可分为以下七类：叶菜类的大白菜、小白菜、菠菜、芹菜、油菜；茎菜类的莲藕、竹笋、茭白、莴苣、荸荠等；根菜类的白萝卜、胡萝卜、山药、芥菜头等；茄果类的番茄、茄子、辣椒等；瓜果类的冬瓜、南瓜、黄瓜、丝瓜等；豆荚类的四季豆、豇豆、蚕豆、豌豆、荷兰豆等；芽菜类的苜蓿芽等。

食用菌

食用菌是指可供人们食用的大型真菌，如银耳、黑木耳、香菇、蘑菇等。其含有丰富的蛋白质、氨基酸和维生素等营养物质，味道鲜美。一些著名的食用菌历来皆被列为宴席佳品，被誉为"山珍""素中之荤"。

干菜的味道鲜美，也可以作为素食者的日常食材。

谷类

品种有大米、糯米、小米、小麦、高粱、玉米等。其中用小麦粉制成的面筋、烤麸、素肠等，是素鱼、素鸭、素蛋成型的基本原料。

薯芋类

品种有土豆、地瓜、芋头、魔芋等，既能作主食，又能作菜，还可加工成淀粉、粉丝、凉粉、粉皮。烹饪成素菜，爽滑柔嫩，味美可口。

豆及豆制品

品种有黄豆、黑豆、绿豆、四季豆、豆腐、豆腐干、豆腐皮、豆浆、腐竹和素鸡等。豆类及其制品营养丰富，高蛋白、低脂肪，味道鲜美，是烹制素菜必不可少的原料。

果品

鲜果类在素食中主要用于生食或烹制甜食，而干果类主要用通过烘烤、炒制而成。其中，水果中富含水分与膳食纤维，有丰富的糖分，可以供给人体热量。

如何吃素更健康

每年的11月25日是国际素食节 (也称"国际素食日")。素食理念已经在国内外流行多年。然而,吃素也要讲究科学方法,科学吃素才有益于身体健康。

素食占2/3即可

《中国居民膳食指南》建议,常吃适量的鱼、禽、蛋和瘦肉,对健康非常有益,完全不吃是不科学的。长期吃素会造成蛋白质、维生素 B_{12}、钙、铁、锌等营养物质的缺乏。时间长了会造成身体免疫力下降,导致各种疾病发生,包括缺铁性贫血、胆结石、骨质疏松、老年抑郁症等,还会影响生育功能。国外的癌症研究协会主张,2/3以上的食物来自素食比较合适,有利于降低癌症的发病风险。

每天保持一顿素食

研究发现,有的人在吃素一段时间之后,出现脾气暴躁、睡眠质量下降、体力恢复能力下降的情况,这时应停止吃素食。比较科学的做法是一周只有一天吃素食或一日三餐中有一餐是素食,这样荤素合理搭配,既避免了过多地摄入脂肪,又使摄入的营养更全面,这才是养生益寿之道。此外,研究还发现,素食者健康长寿的原因,主要是他们生活方式的综合结果,而不单是素食本身。因为素食者还常伴随着其他健康的生活方式,比如不抽烟，不喝酒，饮食节制，锻炼等，因此心态也更为健康，这些综合因素有助于健康长寿。

注意豆、蛋、奶、坚果的摄入

素食者要强化蛋白质的摄入，蛋白质不只在肉类中存在，也存在于豆类及豆制品、蛋、奶、坚果中，摄入足量的豆类食品、鸡蛋、奶制品、坚果等食物，尽量做到营养均衡。比如，每天1个鸡蛋，每天摄入 150~200 克的豆类食物，饮用 300 毫升牛奶，吃 25 克坚果，这样一来，长期吃素的人群虽然缺少从肉类中获得的营养物质，但依然能够从这些食物中获取优质蛋白质和其他营养物质，比如蛋黄中的铁质。此外，长期吃素者可以考虑吃些维生素制剂来补充营养。

素食者容易陷入的营养误区

　　尽管适当的素食对我们的身体健康有益，但是对于吃素，有不少人还是存在着一些误区。

误区一　烹调中不注意控制油脂、糖、盐

　　由于素食较为清淡，有些素食者为了满足口味需求，会在烹调时加入大量的油脂、糖、盐。精制糖和动物脂肪一样容易导致血脂升高，并诱发脂肪肝，而钠盐会升高血压。同时，植物油和动物油含有同样多的能量，食用过多一样可引起肥胖。这样饮食，虽然没有动物性食物，但已经没有植物性食品原有的健康效应了。

误区二　摄入过多水果后主食并未减量

　　许多素食者觉得水果很健康就放开吃，但水果中含有 8% 以上的糖分，能量不可忽视。《中国居民膳食指南》建议，一个成年人每天宜吃 200~350 克新鲜水果，超过这个量就应当相应减少主食的摄入量，以达到一天当中的能量平衡。另外，果汁的含糖量也都在 8% 以上，葡萄汁的含糖量更是高达 16%，过量饮用也有发胖的可能，即使是自己榨的甜味果汁，也不能避免这些问题。

🥦 误区三　不重视其他营养素补充问题

由于素食中往往含有妨碍食物消化吸收的多种抗营养物质，微量元素的吸收率难免会有所下降。适当服用复合营养素，补充多种维生素和微量元素，是简单且有效的方法。另外，对素食无法摄取的 EPA 和 DHA，需要补充一些亚麻酸，或直接服用 DHA 制剂。

🥦 误区四　绿叶菜吃得少

一些素食者喜欢吃择洗比较方便的球生菜、番茄、白萝卜等蔬菜，而择洗比较麻烦费时的绿叶菜吃得较少，这种做法是不科学的。蔬菜也有营养质量的高下之分，由于蔬菜占素食者膳食的比重较大，所以应尽量选择营养丰富的绿叶蔬菜，比如菠菜、油菜、茼蒿、莜麦菜等，这类蔬菜对预防高血压、糖尿病、冠心病、骨质疏松等慢性疾病具有显著效果。

🥦 误区五　没有增加室外运动

纯素食者的食物中没有维生素 D，维生素 D 只存在于鱼类、肝脏、蛋黄和乳脂肪当中。纯素食者必须经常晒晒太阳，靠紫外线作用于皮下组织中的 7- 脱氢胆固醇，人体自行合成维生素 D。一些纯素食者整天宅在家或久坐于写字楼当中，终日不见阳光，严重缺乏维生素 D，不利于骨骼健康。同时，运动本身也有健壮骨骼的作用。

🐾 误区六 吃素食就要生吃蔬菜

一些素食者喜欢以凉拌或沙拉的形式生吃蔬菜，认为这样才能充分摄取其营养精华。其实，蔬菜中的很多营养成分只有通过加热，才能很好地与胃肠道中的油脂成分混合，从而得以吸收利用，如胡萝卜素、维生素 K 等，完全生吃并不利于这类营养素的吸收。最理想的做法是：熟吃绿叶蔬菜，同时生吃些黄瓜、番茄、萝卜等蔬菜，也可以喝些糖分含量低的果蔬汁作为补充。

🐾 误区七 把"植物肉"当作肉类的替代品

顾名思义，"植物肉"就是以植物原料为基础，模仿肉的色、香、味及物理状态而制成的产品，制作原料一般是大豆。为了追求类似真肉柔嫩多汁的口感，"植物肉"产品中往往会加入一定量的脂肪，因此热量并不低。除了脂肪，为了质地更嫩滑，"植物肉"产品中往往还会添加淀粉，再加上用来调味的调料，这些都让"植物肉"在更好吃的同时，热量也升了上去。100 克"植物肉"的热量约为 221 千卡，100 克牛肉的热量约为 250 千卡，而让很多减肥人士避之不及的主食米饭，每 100 克的热量只有129 千卡。可见，把"植物肉"当作肉类的替代品，无疑会增加身体的代谢负担。

健康素食、不健康素食和荤食	
食物种类	举例
健康素食	全谷物、蔬菜、水果、豆类（包括豆腐）、坚果、植物油、咖啡和茶
不健康素食	果汁、含糖饮料、甜食，精粮和精粮制成的面包，点心等，炸土豆、土豆片等零食
荤食	肉、蛋、奶、鱼类和海鲜

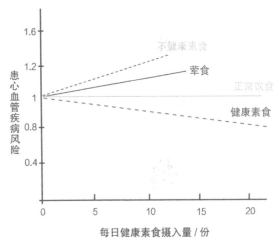

健康素食对心血管健康有益，不健康素食不利于心血管健康

五色素食滋养五脏

　　绿色养肝、红色补心、黄色益脾胃、白色润肺，黑（紫）色补肾。五色素食在兼顾视觉欢愉和五脏均衡保健的同时，充分体现了中国素食哲学的精神内涵。

绿色素食养肝

　　中医认为"青色入肝经"，青色也就是绿色，绿颜色的食物有益肝气循环、肝脏代谢，还能消除疲劳、舒缓肝郁，多吃些绿颜色的食物能起到养肝护肝的作用。绿颜色的食物主要包括绿叶蔬菜和瓜果，如芹菜、菠菜、韭菜、油菜、空心菜、青椒、黄瓜、西兰花、豌豆、绿豆等。另外，常吃绿色素食能让身体保持酸碱平衡，有预防癌症发生的作用。

青色食物　膳食纤维

黑色食物　抗氧化物质

白色　钙镍

黑（紫）色素食养肾

　　黑色独入肾经，食用黑颜色的食物，能够益肾强肾，增强人体免疫功能，延缓衰老。黑色食物一般是指颜色呈黑色或紫色、深褐色的各种天然动、植物。常见的黑颜色的素食主要有黑米、黑豆、香菇、黑木耳、海带、紫菜、黑芝麻、桑葚、紫茄子、紫洋葱、紫薯等。

黄色素食养脾胃

人体摄入黄颜色的食物后，其营养物质主要停留在脾胃区域，因此常吃黄色食物对脾胃大有裨益。黄色食物中维生素 A 的含量比较丰富，维生素 A 能保护肠道、呼吸道黏膜，减少胃炎等疾病发生。黄色食物富含蛋白质、脂肪、维生素和微量元素等，常食有益脾胃健康。黄颜色的素食主要包括五谷、豆类及其制品，还有黄色的水果和蔬菜以及蛋类，如小米、玉米、南瓜、黄豆、黄花菜、柿子、橙子、橘子、柚子、菠萝、木瓜、芒果、枇杷、香蕉、鸡蛋、鸭蛋等。

黄色食物

维生素 A、维生素 D

膳食纤维、果胶

番茄红素、胡萝卜素、维生素

赤色食物

维生素

白色

红色素食养心

红色食物进入人体后可入心经、入血，大多具有益气补血和促进血液、淋巴液生成的作用。红色食物中所含的维生素和红色素，能有效刺激神经系统，增进食欲，增强人体免疫细胞的活力，从而提高免疫力，为抵御疾病提供了保证。红色食物一般具有较强的抗氧化性，它们富含丹宁酸、番茄红素等，能保护人体细胞，具有抗炎作用，有助于增强体力和缓解因工作、生活压力造成的疲劳。红颜色的素食主要包括番茄、胡萝卜、红辣椒、大枣、草莓、樱桃、西瓜等。

白色素食养肺

《黄帝内经》中说："西方白色，入通于肺。"意思是说，肺属于五行中的金。在五行中，金对应的颜色是白色，因此白色食物可补益肺脏、益肺气。白色的素食主要包括面粉、大米、糯米、土豆、山药、白萝卜、菜花、茭白、银耳、火龙果、百合、莲子等。

素食者如何补钙、保钙

素食者更容易缺钙，纯素食者的钙摄入量比奶蛋素食者和杂食者都要低，因此应该适当补钙。

🦴 及早补钙

年轻时多补充些钙，就不怕年纪大了钙质透支，影响身体而产生各种疾病，所以钙质的累积对骨质很重要。研究发现，在童年及少年期常吃高钙食物的人，成年后骨密度较高，骨折的概率更是远低于钙质摄取不足的人。但是成年以后，钙质的吸收能力大减，因此骨质储存的黄金时间是在童年和少年时期。此外，负重运动有助于钙的吸收，步行是负重运动之一，每天步行20~30分钟，不但能增强钙的吸收，而且有益心脏健康。

🦴 促进钙质吸收的方法

含钙较丰富的食物有大豆及大豆制品，如豆腐、豆浆等。此外，海带、紫菜、西兰花、小白菜、黑芝麻、杏仁等也都含有丰富的钙质，唯独叶菜的纤维素、种皮等会促进肠道的蠕动，影响身体对钙质的吸收与利用，但只要每天摄入的纤维素不超过20~25克，就不会妨碍钙的吸收。此外，香菇富含的维生素D能够促进钙与磷的吸收，素食者经常吃些香菇有助于预防骨质疏松。对于奶素或蛋奶素食者，每天宜喝1~2杯牛奶，或者适量吃些酸奶等乳制品。

🍄 烹调中保留更多钙质的窍门

菠菜、苋菜等绿色蔬菜先烫一下，去除草酸，再和豆腐一起炒，这样就不会形成不溶性的草酸钙了。在消化道中，过多的草酸、植酸容易与钙结合形成一种不溶性的钙盐，阻碍身体对钙的吸收。

烹调菜肴时可加些醋调味，醋是酸味食品，不仅可以去除异味，还能使食物中的钙溶出。

黄豆发芽后食用。黄豆富含植酸，但豆类发芽时会促进植酸的分解，使更多的钙、磷、铁、锌等矿物质释放出来。同时黄豆中原本不含的维生素 C 的含量也大大增加，可促进钙的吸收和利用。

把米先在温水中浸泡一下或多做发酵的面食。因为米和面粉中含有较多的植酸，会与钙形成不溶性的植酸钙，影响钙的吸收。因此，把米先在温水中浸泡一下或将面粉发酵后再烹调，可以去除部分植酸。

🍄 远离碳酸饮料等食品

谈到钙的吸收，必须考虑食物中磷酸的含量，如果磷酸摄取过多的话会使多余的磷酸在肠道内与钙结合为不易解离的磷酸钙，妨碍钙质吸收，磷酸与钙的比例最好是 1：1。肉类富含磷，而钙含量不多，这是荤食相较于素食不利的地方。超市售卖的碳酸饮料、速食食品或加工食品，为了便于保存或出于调味的目的均会添加磷酸盐，过多摄取会影响钙质的吸收。所以平常应少喝碳酸饮料，少吃速食食品或加工食品。

素食者如何补铁

素食者如果能合理规划饮食，做到饮食均衡和多样化，也可以为身体补充足量的铁质。

🥦 这样吃铁质好吸收

最好选择既含有维生素 C 又含有铁的蔬果，如杏、鳄梨、枣、草莓、黑芝麻、西兰花、红苋菜，或是在进餐时喝一杯橙汁、柠檬汁，也有助于身体吸收铁。维生素 C 是促进非血红素铁吸收的强力因素，并且能改善植酸抑制铁质吸收的效果。75 毫克的维生素 C 能促进约 3.4 倍铁的吸收率。

同时摄取含有高钙和高铁的食物，反而会让钙与铁的吸收率减半，所以想要补充铁质，最好与喝牛奶的时间隔开。另外，单宁酸会与铁质结合后沉淀，使得铁质无法被吸收，而单宁酸多存在于茶、咖啡中，建议喜欢喝茶和咖啡的人，最好不要在餐后立即饮用。研究发现，一杯茶会降低 64% 的铁质吸收，而一杯咖啡则会降低 39% 的铁质吸收。

🥦 烹调中保留更多铁的窍门

用铁锅做菜，中国人习惯用的传统铁锅，最近被证实可以补充铁质。但是，要让铁锅溶出铁质，必须要在锅中加入水和味道较酸的食物一起煮，比如番茄、苹果、柠檬等，这样铁被人体吸收的量将超过 20 倍。

素食者的蛋白质来源

素食者最需要解决的问题就是蛋白质的摄入。其实米、面当中也含有少量蛋白质能够被人体吸收，但是吸收效率远远不如动物蛋白。同时，这些蛋白当中，也可能会缺少人体必需的氨基酸。素食者饮食中缺乏蛋、奶及动物性蛋白等优质蛋白质，建议多吃大豆或豆制品、坚果、

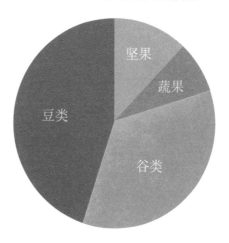

均衡素食的蛋白质供给量占比

菌菇等，以增加蛋白质的摄入。谷类加豆，在补充蛋白质方面堪比吃肉，两者搭配食用对素食者尤为重要。

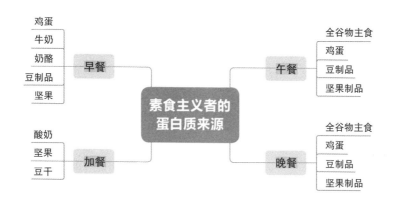

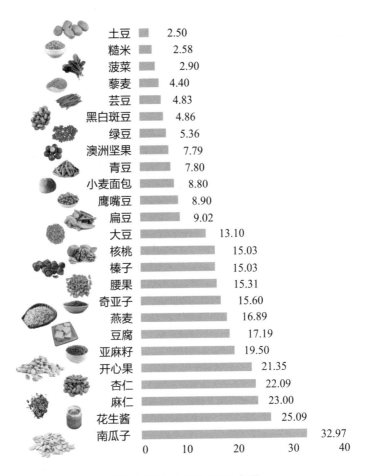

食物	蛋白质含量
土豆	2.50
糙米	2.58
菠菜	2.90
藜麦	4.40
芸豆	4.83
黑白斑豆	4.86
绿豆	5.36
澳洲坚果	7.79
青豆	7.80
小麦面包	8.80
鹰嘴豆	8.90
扁豆	9.02
大豆	13.10
核桃	15.03
榛子	15.03
腰果	15.31
奇亚子	15.60
燕麦	16.89
豆腐	17.19
亚麻籽	19.50
开心果	21.35
杏仁	22.09
麻仁	23.00
花生酱	25.09
南瓜子	32.97

100 克素食中蛋白质的含量

如果按 60 公斤体重来计算的话，每个人每天至少需要 60×0.8 克 =48 克蛋白质，素食者可以对照一下上表，看看自己每天摄入蛋白质的量到底达不达标。长期蛋白质摄入不足，会出现缺铁性贫血、乏力、神经功能紊乱、不孕等情况，这些都不是我们真正想要的健康。如果不是严格的纯植物素食者，适当增加一些蛋、奶的摄入量，会大大降低"素食并发症"的发生概率。

哺乳期的素食妈妈应如何进补

素食妈妈应增加进食量，每天多吃几餐，以 4~5 餐较为宜。两餐之间最好适量饮水或喝些蔬果汁，以促进乳汁的分泌。

素食妈妈应吃些粗粮、蘑菇和紫菜等，以补充 B 族维生素。蔬菜类可选用西兰花、菠菜、胡萝卜、黄瓜和豆类，可用香油炒；水果类可吃猕猴桃、鲜枣、樱桃等；汤水类可食用青菜汤、豆腐汤、酒酿煮鸡蛋和红糖莲藕汤等。

另外，可多吃些豆腐、坚果等富含蛋白质的食物。由于乳汁分泌越多，钙的需要量越大，所以，膳食中应多补充豆类及豆制品、芝麻酱等。膳食摄入钙不足时可补充钙制剂。同时，素食妈妈应尽量到户外多晒晒太阳，这是补充维生素 D 的最好方法，可帮助体内钙的吸收。

吃素食的孩子怎样补充营养

孩子素食饮食的食谱中，如果完全不摄入动物性食物，很有可能会造成某些营养的缺乏，除非将植物性食物做适当的调整以转换成"完全"蛋白质（其中包含所有的必需氨基酸），不然将导致蛋白质缺乏。在严格素食中可能缺乏的营养素有：蛋白质、维生素 B_2、维生素 B_{12}、维生素 D、钙、铁、锌。父母应鼓励孩子多摄取营养丰富的食物，如大豆和豌豆，新鲜水果和蔬菜、豆奶及全麦和谷类食物等，而不应让他们吃高脂肪、高糖食物，如甜食、速食等。

素食老人的膳食营养要点

素食老人只要精心安排、正确调配好每天的膳食，同样能达到营养合理、增进健康的目的。

品种多样，营养充足

为了保证营养充足，素食老人要避免吃单一的食物，每天应吃谷类、豆类、薯类、蔬菜、水果、坚果等几大类食物，加上适量的油脂等调味品。食物品种要经常变换花样。从营养需求上看，老年人不宜吃纯素食，奶蛋素食和奶素食要比纯素食更适合老年人。

科学选择，保证健康

素食老人钙、铁、锌和硒的摄入量容易不足。日常食物中以乳类所含的钙为最佳，其次是豆类，素食老人每天应饮用1~2杯豆奶，并经常吃些豆制品、海带等含钙量丰富的食物。植物性食物中的铁、锌、硒不易被人体吸收，而用酵母发酵的面食可降低植酸的含量，从而提高锌和其他微量元素的吸收利用率，所以，素食老人可多选用馒头、发面饼、面包等作主食。新鲜的蔬菜、水果，特别是红、绿色的蔬菜和水果是维生素C和胡萝卜素的良好来源，素食老人每天至少应摄入300克蔬菜、200克水果。人体缺乏脂肪会造成能量不足以及脂溶性维生素和必需脂肪酸的缺乏，但过多的油脂，即使是植物油，对健康也是不利的，素食老人每天应摄入 25~30 克的植物油。素食老人应有更多的户外活动，多晒太阳，以预防维生素 D 的缺乏。

合理进餐，饥饱适度

全素食的老人，由于吃的全是植物性食物，耐饿性较差，因此，应少食多餐，饥饱适度，按时进食。一般每天最少进食三餐，最好在三次主餐之外，增加 2~3 次副餐。主餐中每餐应有两种以上的菜，副餐可吃些豆浆、豆腐脑、粥、松软糕点、藕粉、芝麻糊和水果等食物。三次主餐的间隔时间以 4~6 小时为宜，副餐放在主餐之间和睡前 1 小时。食量较小、胃纳较差的老人，还可适当补充些复合维生素等，以满足其营养需要。

体重适中，利于长寿

肥胖老人易患心血管病、糖尿病等，但是，过于消瘦则会出现营养不良、免疫功能低下等问题。所以，每天摄入的能量不能太多也不能太少，应以维持理想体重为原则。素食老人若体重较轻，应先检查一下有无病理情况，若没有则说明实际摄入的能量不足，应适当增加摄入量以维持理想体重。医学研究表明，过于肥胖和消瘦都会缩短寿命。素食老人可经常测量体重，以了解自己摄入的能量是否适宜。如果长期低于标准体重，应请营养科医生进行饮食指导。

烹饪营养素菜有妙招

在烹饪素菜的过程中，掌握一些小窍门或小技巧往往能起到事半功倍的效果，不仅能节省烹调时间，还能使烹制出来的素菜更加营养、健康、安全、美味。

🍃 去除蔬果农药残留的靠谱方法

流水浸泡后再冲洗效果最好

将蔬果浸泡在充满水的盆子里，打开水龙头，开小小的水流呈一直线，不要断断续续太小了，浸泡着让水不断流动，以流动清水浸泡 15 ~ 20 分钟。农药大多是水溶性的，如此浸泡可使蔬果表面的农药不断地被水溶解并带走。清洗的时候，不要将蔬果去皮。果蔬清洗好后切除蒂头与根部再用于烹调或食用。

去皮

农药大多残留于蔬果表面，去掉外皮就已大大减少了接触到农药的机会。去掉外皮之前，蔬果要先清洗。即使是去皮食用的橙子、香蕉、荔枝、猕猴桃等水果，也要清洗过再食用，这样双手才不会沾染到外皮残留的药剂，将农药吃下肚。

焯水

高温除了有杀菌的功效外，还可以让多数农药挥发、分解掉，因此蔬菜烹调前最好先焯水。将蔬菜完全洗净后在沸水中焯烫 1 分钟左右，表皮下的农药就可溶解出来，还可去除硝酸盐、草酸盐等有害物质。但要切记焯烫过蔬菜的水含有农药，不要再食用，且加热时最好打开锅盖，让农药随着蒸汽挥发。

常温存放几天，农药可挥发

蔬果被施用农药后，其残留量会随时间降低，环境温度越高，残留农药挥发得越快，阳光中的紫外线也会破坏农药，而蔬果表面的农药因暴露在空气中，也会与空气中的氧结合，产生氧化反应，从而加速农药的分解，只要放于室温下通风处 2 ～ 3 天即可。像一些比较耐储存的圆白菜、苹果等蔬果，可在常温下存放几天，有助于农药自然地代谢掉。

烹调素菜减盐不减咸的窍门

盐吃多了容易得高血压，得了高血压，冠心病、脑中风就容易找上门。另外，高盐膳食还会增加钙流失和罹患胃癌的风险。因此，改变高盐饮食习惯刻不容缓。

多放醋，少放糖

少量的盐可以突出糖的甜味，而放一勺糖却会减轻菜的咸味。酸味可以强化咸味，多放醋就感觉不到咸味太淡。烹调时多用醋或柠檬汁等酸味调味汁，替代一部分盐和酱油，最后放盐，既可以改善食物口感，还可以让味道更鲜美。

尝试用食材提味

像葱、姜、蒜、花椒、大料、辣椒、胡椒、孜然、洋葱、醋、咖喱、陈皮都有各自不同的风味，烹调时用它们来提味，少放点儿盐，素菜也好吃。

出锅前再放盐

炒菜时放盐早，容易析出菜里的水分，使菜失去爽脆的口感，同时菜的含盐量也会大幅增加。而出锅前再放盐，能让人很容易吃出菜表面的咸味，从而减少盐的使用量。凉拌菜可吃前再放盐。

使用低钠调味品

使用低钠盐是家庭烹饪素菜中减少钠盐摄入量的最简单方法，可以在几乎不影响咸味的同时，轻松地把钠盐摄入量降低，同时还有效增加了钾的摄入量。

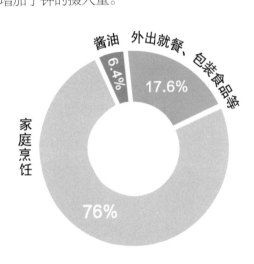

家庭烹饪是食盐摄入的主要来源，减少家庭烹饪用盐是减盐的重要途径。

烹调蔬菜营养素损失少的技巧

先洗后切，尽快烹调

如果想更多地保存蔬菜中的营养，建议先洗后切，如果切完再洗，会有约 20% 的维生素溶解进洗菜水中流失了；蔬菜切完后应尽快烹煮，切完后哪怕放着不动或者用水冲洗几分钟，都会损失 2%~8% 的维生素 C，并且也不要切得太碎，切丝或切丁的蔬菜所能保存的维生素 C 仅约 30%。

快速焯水

短时间快速焯烫蔬菜，可减少维生素 C 因加热被破坏而造成的损失，通常焯烫 1~2 分钟即可。蔬菜整棵焯水，焯完水后再切，也能较好地保存营养，减少营养素的流失。

快炒

采取热锅凉油的方式快速把蔬菜炒熟，由于加热时间短，同时也可以破坏氧化酶的活性，整体维生素 C 的保存率并不低，个别蔬菜甚至能保存 90% 以上的维生素 C。不过要注意尽量快速翻炒，避免长时间炒制让营养素流失。

加点儿醋调味

入锅后马上加醋，既可保护原料中的维生素，同时能软化蔬菜中的纤维。菜肴临出锅前再加一次，可解腻、增香、调味。

勾芡

勾芡可减少维生素的氧化损失，淀粉中所含的谷胱甘肽具有保护维生素 C 使其减少受氧化而产生的损失，可减少水溶性营养素的流失。

炒菜时的油温不宜超过八成热，油温过高会产生致癌物质。

喷香热菜

谈到素食，很多人或许会认为素食只有萝卜、青菜、豆腐，其实不然，素食也有很多美味的食材，可以变换出许多色香味俱全的喷香热菜，赶快做起来吧，相信品尝味道时你会有种相见恨晚的感觉。

热菜常用的烹调方法

热菜的烹调方法有很多，根据不同的操作程序和加热方法，大致可分为以下几种：

炒

是以油与金属为主要导热体，将小型原料用中、旺火在较短时间内加热成熟，加入调料翻炒均匀成菜的一种烹调方法。

塌

是把加工成型的原料腌渍、拍粉、拖蛋后，用少量油小火煎至原料两面金黄时再加入调味品和汤汁，用小火慢慢加热，吸干汤汁的一种烹调方法。

爆

是将脆韧的动物性原料经刀工处理后，放入沸油或沸水、沸汤中，用旺火快速加热拌炒至熟的烹调方法。

熘

是把调好的汁浇淋在熟的原料上，或将熟的原料放入卤汁中搅拌成菜的一种烹调方法。

烹

是将炸、蒸或炒熟后的原料，再用调味汁急速拌炒的一种烹调方法。

煎

是用少量油涂满锅底，用小火慢慢加热，将原料煎至两面金黄，菜肴无汤无汁的一种烹调方法。

贴

一般是将两种以上的原料粘在一起，然后以少量油为传热介质，只煎单面，将原料做熟的一种烹调方法。

炸

是用大量食用油作为传热介质，用旺火加热将原料做熟的一种烹调方法。

汆

是把食材加工成丸子或小块形状，以沸水或沸汤为传热介质，用旺火速成的烹调方法。

烩

是往多种半熟或全熟的小型原料中加入适量的汤汁，用中火加热成熟，制成半汤半菜的一种烹调方法。

焖

是先将原料经过初步处理后，加入调味品和汤汁用旺火烧沸，再加盖用小火长时间加热成熟的一种烹调方法。

扒

是将经过初步熟处理的原料，整齐码入锅中，加调味料和汤，大火烧沸，中小火烧透入味，旺火勾芡的一种烹调方法。

煮

是将原料放入大量的鲜汤或清水中，用旺火煮沸，再改用中小火或小火加热，使原料成熟的一种烹调方法。

煨

是将质地较老的原料，加入汤汁和调味品，用小火长时间加热，并使原料成熟的一种烹调方法。

烤

是把原料放入烤炉中利用热辐射使其成熟的一种烹调方法。

盐焗

是将经腌渍入味的原料包裹后埋入灼热的盐粒中，将原料焗熟的一种烹调方法。

炖

是以清水或鲜汤为传热介质，将生料用大火烧开，再改用小火持续加热，至原料熟软而汤清醇厚的一种烹调方法。

烧

是将经过初步熟处理的原料加入适量汤、水和调味品，用旺火烧开，中小火烧透入味，最后用旺火收浓汤汁的一种烹调方法。

蒸

是以蒸汽为传热介质，将经过调味的原料加热至酥烂入味的一种烹调方法。

涮

是以沸汤为传热介质，在特殊的烹调器具中，由食者自烹自食的特殊烹调方法。

干煸豆角
解馋又下饭

🥄 主料：豆角 400 克。

配料：朝天椒 2 个，花椒粒、鲜味酱油各少许，盐 2 克，蒜末、
葱末各适量，植物油 10 克。

🕐 做法

① 豆角洗净，摘去老筋，掰成小段，均匀地码放在空气炸锅中，
在豆角表面均匀地喷上少许油，180 摄氏度烤 12 分钟，每
隔 4 分钟翻拌一次；朝天椒去蒂，剪成小段。

② 炒锅置火上，倒油烧至五成热，炒香花椒，放入朝天椒段
炒出红油，下烤好的豆角，加盐、鲜味酱油、蒜末、葱末
翻炒均匀即可。

营养
贴士
> 豆角含有丰富的维生素 C 和叶酸，这两种维生素能促
进抗体的合成，提高机体抗病毒的能力。豆角一定要烹至
熟透再食用，以防中毒。

🍲 烹饪秘笈

蒜多一点比较好吃，花椒和朝天椒可以根据自己的口味
适量增减。

酸辣汤

酸辣开胃，从头暖到脚

主料：水发黑木耳 3 朵，鸡蛋 1 个，豆腐皮 50 克，胡萝卜 1 小块。

配料：香菜末、水淀粉各适量，白胡椒粉 1/4 茶匙，陈醋 1 汤匙，盐 1 克，酱油、香油各少许。

做法

❶ 黑木耳去蒂，洗净，切丝；鸡蛋磕入碗中，打散；豆腐皮切细丝；胡萝卜洗净，切丝；胡椒粉倒入小碗内，加醋调匀。

❷ 木耳丝、豆腐皮丝、胡萝卜丝放入汤锅中，加入适量清水烧开，加酱油、盐调味，淋入蛋液搅匀，加入冲开的胡椒粉和醋。

❸ 淋入水淀粉勾薄芡，撒上香菜末，淋上香油即可。

营养贴士　　酸辣汤酸酸辣辣的，特别开胃，可增进食欲，而且能起到很好的暖胃作用。

🍲 **烹饪秘笈**

胡椒粉和醋宜在起锅前放入，这样汤的酸辣味更浓郁、更适口。

关东煮

是日料店的那个味儿

🥄 **主料**：白萝卜 100 克，鸡蛋 2 个，海带结 4~5 个，北豆腐半块，魔芋结 5 个。

配料：关东煮汤料包、葱花各适量。

🕐 **做法**

① 白萝卜去蒂，洗净，切成稍微大点的块；鸡蛋煮熟，剥去蛋壳；海带结洗净；北豆腐切块；魔芋结冲洗干净。

② 白萝卜块、海带结、豆腐块放入汤锅中，加入没过食材的清水，放入关东煮汤料包，大火烧开后转小火煮 25 分钟，放入煮鸡蛋和魔芋结再煮 5 分钟左右，撒上葱花即可。

营养贴士

> 每 100 克白萝卜的钙含量是 350 毫克，其中 90% 以上的钙存在于萝卜皮中，所以吃白萝卜一定要连皮一起吃。

🍲 烹饪秘笈

制作关东煮的主料没有固定的食材，想吃什么都可以加进来，耐煮的先放，不耐煮的后放。

主料：口蘑6个，土豆2个，紫洋葱 1/4 个，鲜玉米棒半根，西兰花 1 小朵。

配料：烧烤料、孜然、蚝油各 2 茶匙，橄榄油、蜂蜜各适量。

什锦烤蔬菜
不比烤肉的味道差

做法

❶ 口蘑洗净，对半切开；土豆去皮，洗净，切块；紫洋葱去蒂，撕去干皮，切块；玉米棒洗净，切小块；西兰花择洗干净，掰成小朵。

❷ 将上述食材一同放入大碗中，加入所有配料拌匀，均匀码放在铺好锡纸的烤盘中，送入烤箱用 180 摄氏度烤 15 分钟即可。

营养贴士

　　西兰花是含有类黄酮最多的食物之一，类黄酮除了可以防止感染，还是很好的血管清理剂，有助于阻止胆固醇氧化，防止血小板凝结，从而降低心脏病与中风的风险。

烹饪秘笈

　　挑选时令新鲜的蔬菜就好。烤制过程中应不时翻翻面，以便烤得更均匀。

粉蒸茄子豇豆

吃上瘾别怪我

 主料：紫色长茄子 1 个，豇豆 250 克。

配料：蒜末、香菜末、葱末、玉米面各适量，辣椒油、盐、鲜味酱油各少许。

🕐 **做法**

❶ 取小碗，放入蒜末、香菜末、葱末、辣椒油、鲜味酱油拌匀，制成浇汁。

❷ 茄子去蒂，洗净，切条；豇豆择洗干净，切小段；将切好的茄子和豇豆一同放入盆中，加玉米面和盐拌匀，送入蒸锅，上汽后蒸 6~7 分钟，装盘，淋上浇汁拌匀即可。

（营养贴士）　　蒸菜能最大程度地保留食材的营养成分。此菜有面有菜，用玉米面能增加杂粮的摄入量，茄子和豇豆里含丰富的膳食纤维，可促进肠胃蠕动，润肠通便，既营养又健康。

📋 **烹饪秘笈**

想要让蒸好的豇豆口感更筋道，可稍微加点白面，能改善不少。

主料：北豆腐 1 块，水发黑木耳 20 克，尖椒 5 个。

配料：五香粉、盐、植物油、鲜味酱油各适量。

酿辣椒
一上桌就被抢光

做法

1. 黑木耳去蒂，洗净，切碎；北豆腐洗净，用勺背压碎，放入黑木耳碎，加盐、五香粉、少许植物油拌匀，制成酿馅。

2. 尖椒洗净，逐个去蒂、筋和辣椒籽，用筷子把酿馅填入尖椒内。

3. 平底锅置火上，刷上一层植物油烧至五六成热，放入尖椒两面煎熟，装盘，淋入少许鲜酱油即可。

营养贴士

　　尖椒富含的维生素 C 能保护血管健康，预防"坏血病"；保护牙龈，防止牙出血；促进胶原蛋白合成，保持皮肤弹性，促进创伤愈合；抗氧化、预防动脉硬化、调理贫血等。

烹饪秘笈

　　把尖椒里的筋和籽清理干净并用水冲洗一下，可以减轻尖椒的辣味。

香煎土豆饼

香酥软嫩有点甜

☺ **主料**：土豆 3 个，胡萝卜 1 小根，圆白菜叶 1~2 片。

配料：盐、植物油各适量。

🕐 **做法**

❶ 胡萝卜去蒂，洗净，切碎；圆白菜叶洗净，切碎，与胡萝卜碎一同放入碗中，加盐拌匀；土豆洗净，对半切开，蒸熟，去皮，压成泥。

❷ 取一小团土豆泥，在蔬菜碗里粘上蔬菜碎，捏匀搓圆，压扁，做成一个个小圆饼，逐个放入平底锅中，用少许植物油煎至熟透且两面色泽金黄即可。

营养
贴士
　　从烹饪营养的角度来讲，土豆最佳的烹调方式排名：蒸、烤、煮。

🍲 **烹饪秘笈**

● 土豆饼压扁时宜将周边裂开处用手捋平，这样煎时不容易散碎，边缘也更圆滑好看。

● 土豆饼很软，煎的时候翻面要小心点儿，以免散碎。

- 主料：杏鲍菇 1 个，青尖椒 1 个，红尖椒 1 个。
- 配料：葱末、姜末各适量，植物油、鲜味酱油各少许，盐 1 克。

做法

❶ 杏鲍菇洗净，撕成细丝；青、红尖椒分别洗净，去蒂、籽，切成细丝。

❷ 炒锅置火上，倒油烧至六成热，炒香葱末和姜末，放入杏鲍菇翻炒至熟软，下青、红尖椒丝翻炒至断生，加盐和鲜味酱油调味即可。

素小炒肉丝

营养贴士　杏鲍菇富含维生素及镁、锌等矿物质，还含有较多的杏鲍菇多糖，它在人体内具有降血糖、增强免疫力的作用，有助于抗病毒、抗肿瘤。

烹饪秘笈

杏鲍菇用手撕成细丝，比用刀切成的更有肉丝的口感。另外，用刀切的杏鲍菇丝，口感会偏硬一些。

剁椒蒸芋头

每一口都够味

🌙 主料：小芋头 400 克，剁椒 1 汤匙。

配料：葱花适量，植物油、鲜味酱油各少许。

🕐 做法

❶ 小芋头削皮，洗净，切滚刀块，码放在盘中。

❷ 炒锅烧热，倒入植物油，放入剁椒炒香，盛出，浇在盘中的芋头上，再加少许鲜味酱油拌匀。

❸ 将芋头送入蒸锅，上汽后用小火蒸 20 分钟，撒上葱花即可。

营养
贴士　　芋头含有一种黏液蛋白，被人体吸收后有助于产生免疫球蛋白，可提高机体的抵抗力。

🍲 烹饪秘笈

● 削芋头的时候要戴手套，防止其汁液沾到手部皮肤上而发痒。

● 剁椒的味道较咸，可少加或不加含盐的调味料。

- 主料：山药 250 克，胡萝卜 50 克，红柿子椒 1/3 个，绿柿子椒 1/3 个，水发黑木耳 5 朵。
- 配料：姜末、葱花各适量，植物油、盐、鲜味酱油各少许。

做法

1. 山药削皮，洗净，切薄片；胡萝卜去蒂，洗净，切片；红、绿柿子椒洗净，去蒂、籽，切小块；黑木耳去蒂，洗净，撕成小朵。

2. 炒锅烧热，倒入植物油，炒香姜末，放入山药片、胡萝卜片、木耳，加少许清水翻炒 3~5 分钟，加红、绿柿子椒翻炒 1~2 分钟，加盐和鲜味酱油调味，撒上葱花即可。

彩蔬炒山药

颜值高味道好

营养贴士　山药含有淀粉酶，有助于消化；山药还含有黏液蛋白，有助于调节脾胃功能。

🍲 烹饪秘笈

把切好的山药片放入水中，可以防止山药氧化变黑。

茼蒿炒熏干

翠绿鲜香

🥄 **主料**：茼蒿 350 克，熏豆腐干 150 克。

配料：大葱、大蒜各适量，植物油、盐、鲜味酱油各少许。

🕐 **做法**

❶ 茼蒿择洗干净，切成 3 厘米左右的段；熏豆腐干洗净，切成小丁；葱洗净，切葱花；大蒜去皮，洗净，剁成蒜末。

❷ 炒锅置火上，倒油烧至五六成热，炒香葱花，放入熏干丁煸炒几下，再下茼蒿翻炒至断生，加盐、鲜味酱油和蒜末调味即可。

营养贴士　中医认为，茼蒿味甘、辛，性平，入脾、胃经，有利咽化痰、清心养胃之功，适用于痰热咳嗽、食欲不振、脾胃不和等。

🍲 **烹饪秘笈**

● 熏干有咸味，烹调时应少加含盐的调味料。

● 菜出锅前加入蒜末，蒜香味儿更浓郁，更好吃。

板栗粉条白菜汤

配馒头吃，真香！

🍳 主料：大白菜 250 克，板栗肉 150 克，粉条 50 克。

配料：香菜碎适量，盐、鸡精、香油各少许。

🕐 做法

❶ 大白菜洗净，控干水，撕成小块；粉条剪成易于入口的长度，用清水冲洗一下。

❷ 粉条和板栗肉放入汤锅中，加入适量清水，大火烧开，转小火煮10 分钟，放入大白菜煮至熟软，加盐、鸡精、香菜碎调味，淋上香油即可。

营养贴士

　　板栗富含碳水化合物，6 个栗子的热量同一碗米饭的热量差不多。所以，在食用板栗的时候，可适当减少米面等主食的食用量。

🍲 烹饪秘笈

　　生板栗快速去皮的方法：生板栗洗净后用刀切个口子，直接放入盐开水中浸泡 5 分钟，然后趁热很容易去皮，而且板栗肉不会粘皮。

快手豆腐脑
赶紧来根油条

☺ 主料：内酯豆腐 1 盒，鸡蛋 1 个，水发黑木耳 2 朵。
　　配料：香菜碎、葱花、水淀粉各适量，老抽、盐、鸡精各少许。

🕐 做法

❶ 内酯豆腐取出，装盘，送入蒸锅，上汽后小火蒸 10 分钟，取出，
　倒出多余的汁水；鸡蛋磕入碗中，打散；黑木耳去蒂，切丝。

❷ 炒锅烧热，倒入植物油，炒香葱花，放入木耳丝略炒，淋
　入老抽，加适量清水烧开，加盐和鸡精调味，淋入蛋液搅
　成蛋花，用水淀粉勾芡，撒上香菜碎，取适量淋在内酯豆
　腐上即可。

（营养贴士）　　内酯豆腐虽然质地细腻，口感水嫩，但没有传统的豆腐有营养。

🍲 烹饪秘笈

　　用水淀粉勾芡时应分少量多次地加入，利于控制卤子的浓稠度。卤子可以浓稠一些，因为拌了豆腐脑之后会变稀。

芦笋炒口蘑

好吃不在话下

☺ 主料：嫩芦笋 200 克，
口蘑 6 个。

配料：橄榄油少许，黑
胡椒粉适量，盐
2 克。

🕐 做法

❶ 芦笋择洗干净，切成
6 厘米左右的斜刀段；
口蘑洗净，对半切开。

❷ 炒锅烧热，倒入橄榄
油，下口蘑和芦笋小
火翻炒至口蘑变软、
芦笋颜色变深，加
盐和黑胡椒粉调味
即可。

> 营养
> 贴士
>
> 芦笋富含抗癌元素——硒。硒可抑制癌细胞增殖与生
> 长，同时刺激机体免疫功能，提高对癌细胞抵抗力。芦笋
> 的重要成分都在尖端幼芽处，在烹饪时应多注意保存芦
> 笋尖。

👉 烹饪秘笈

● 芦笋切斜段更易入味。

● 芦笋段入锅后不要炒太久，颜色变深就可以调味出锅，尽
可能地保证芦笋的脆嫩口感。

冻豆腐烧盖菜

大口吃起来

🥄 **主料**：冻豆腐块 250 克，盖菜 200 克。

配料：姜末、蒜末各适量，植物油、鲜味酱油各少许，盐 1 克。

🕐 **做法**

❶ 冻豆腐自然解冻，挤去多余水分；盖菜择洗干净，切段。

❷ 炒锅烧热，倒入植物油，炒香姜末，放入冻豆腐翻炒均匀，加少许清水烧至开锅，下盖菜烧至断生，加盐、鲜味酱油和蒜末调味即可。

（营养贴士）　冻豆腐最好消化，整粒大豆的消化率为 65%，豆浆为 84.9%，而冻豆腐为 95%。豆腐经过冷冻后，蛋白质、钙等营养物质几乎没有损失。

🍲 **烹饪秘笈**

烹调冻豆腐一定要减油减盐，因为它很容易吸附菜肴的汤汁导致过油、过咸，稍淡的味道反而更能吃出冻豆腐的豆香。

孜然烤香菇

简单调味就很好吃

🥄 **主料**：新鲜大香菇 6 个。

配料：植物油 2 汤匙，海盐少许，孜然粉适量。

🕐 **做法**

❶ 香菇去蒂，洗净，用厨房纸巾吸干表面的水分。

❷ 烤盘内铺上锡纸，刷上 1 汤匙的植物油，将香菇褶面朝上码放在烤盘中，将剩余的植物油刷在香菇上，撒上海盐和孜然粉。

❸ 将烤箱预热至 180 摄氏度，将香菇送入烤箱中层烤 15~20 分钟即可。

（营养贴士）香菇具有提高人体免疫功能，降血压、降血脂、降胆固醇、防癌抗癌、延缓衰老等功效。

🍳 **烹饪秘笈**

如果香菇比较干净，只要用清水冲净即可，这样可以保留香菇的鲜味。

手撕包菜

香气四溢，干香入味

🍌 **主料**：包菜 1/2 个。

　　配料：干朝天椒 2 个，花椒粒、姜末、蒜末各适量，植物油、盐、
　　鲜味酱油各少许。

🕐 **做法**

❶ 包菜去蒂，洗净，用手撕成易于入口的小块；朝天椒剪成小段。

❷ 炒锅烧热，倒入植物油，放入花椒粒小火煸至颜色略微变深，
　　关火，去除花椒粒，放入朝天椒煸出红油，加姜末炒出香味。

❸ 放入包菜大火翻炒至断生，加盐、鲜味酱油和蒜末调味即可。

> 营养
> 贴士　　　圆白菜含有维生素 U，有保护肠胃黏膜的效果，能帮
> 助预防十二指肠溃疡或胃溃疡。

🍲 烹饪秘笈

● 这道菜宜用大火快炒，这样做出来的包菜够脆、够香。

● 刀切包菜的断面很光滑，齐刷刷的，而手撕包菜的断面是不
　规则的，凹凸不平，在炒制的过程中，这样的包菜与调味汁
　的接触面积就会增大，更容易入味。

酱烧小土豆

好吃得停不下来

🍲 主料：小土豆 500 克。

配料：小米辣 2 个, 葱末、蒜末、孜然粉各适量, 豆瓣酱、生抽、盐、植物油各少许。

🕐 做法

❶ 小土豆洗净, 带皮蒸熟, 凉至温热, 用菜刀面逐个压扁; 小米辣洗净, 去蒂, 切碎; 取小碗, 放入豆瓣酱、生抽、盐搅拌均匀, 调成料汁。

❷ 煎锅烧热, 倒入植物油, 放入小土豆煎至两面色泽金黄, 将小土豆推到一边, 炒香葱末、蒜末、小米辣, 在煎好的土豆上淋上料汁, 将锅中的食材翻炒均匀, 撒上孜然粉即可。

营养
贴士　　带皮蒸制的整土豆营养损失更少, 尤其是维生素 C 保留得更多, 是最佳吃法。

🍲 烹饪秘笈

小土豆煎至两面微焦味道更香!

香煎西葫芦

比肉美味

🥄 主料：西葫芦 1 个，鸡蛋 2 个。

配料：青、红小辣椒各 1 个，面粉适量，植物油 1 汤匙，盐 2 克。

🕐 做法

❶ 鸡蛋磕入碗中，打散；青、红小辣椒洗净，斜刀切圈；西葫芦洗净，切成厚约 0.5 厘米的片，加盐拌匀，每片两面沾上面粉，再均匀裹上一层蛋液。

❷ 煎锅烧热，刷上一层植物油，放入西葫芦，朝上的一面放上红椒圈和小青椒圈做点缀，然后翻面煎至金黄即可。

营养贴士   西葫芦的抗炎特性有助于缓解关节肿胀和肌肉酸痛。

👉 烹饪秘笈

● 西葫芦要选嫩的。

● 煎制前将西葫芦加盐拌匀，一方面提前入味儿，一方面可以让西葫芦出水，防止煎的时候出汤。

丝瓜油条

看似不搭但味道不错

🥄 主料：丝瓜 1 根，油条 2 小根，小米辣 2 个。
　　配料：蒜片适量，植物油、盐、鸡精各少许。

🕐 做法

❶ 丝瓜去蒂，削皮，洗净，削成滚刀块；油条切小段；小米辣洗净，去蒂，切段。

❷ 炒锅置火上，倒入植物油烧至五成热，放入小米辣和蒜片炒香，下丝瓜烧至熟软，加油条略微翻炒，加盐和鸡精调味即可。

营养贴士　　丝瓜不仅营养丰富，而且具有一定的药用价值，它能清暑凉血、解毒通便、祛风、化痰、润肌美容、通经络、行血脉、降血压、下乳汁等。

🍲 烹饪秘笈

● 最好用当天新炸的油条，口感最佳。

● 炒丝瓜为防止煳锅可加一些清汤或清水翻炒。

盖菜咸蛋汤

看这蛋黄就馋人

🥄 主料：盖菜 250 克，生咸鸡蛋 2 个。
　　配料：姜末适量，植物油、鸡精各少许。

🕐 做法

❶ 盖菜择洗干净，切成寸段；咸鸡蛋磕入碗中，将蛋黄和蛋清分离，将蛋清搅散。

❷ 锅烧热，倒入植物油，炒香姜末，倒入适量清水烧开，下蛋黄煮 3~5 分钟，放入盖菜煮至断生，淋入蛋清搅拌成蛋花，加鸡精调味即可。

营养贴士　　盖菜富含维生素 C、钾等营养素以及一些挥发类物质，有助醒脑提神。

🍲 烹饪秘笈
　　因为咸鸡蛋已有咸味，所以此汤不需另外加盐。

雪菜土豆丝

下饭的好菜

- **主料**：土豆 2 个，雪菜 50 克。
- **配料**：干朝天椒 3 个，姜末、蒜末、米醋各适量，植物油 1 汤匙，鲜味酱油少许。

🕐 **做法**

1. 土豆去皮，洗净，切细丝；雪菜清洗干净，挤净水分，切碎；朝天椒剪成小段。

2. 炒锅烧热，倒入植物油，放入姜末、蒜末炒出香味，再放入朝天椒煸出红油，下雪菜小火翻炒 2 分钟。

3. 土豆丝入锅中翻炒 1 分钟，淋入米醋，加适量清水烧至土豆丝断生，加鲜味酱油调味即可。

营养贴士

总体而言，食用经过不同方法烹调后的同一品种土豆的血糖指数（GI 值）的排序是这样：土豆泥 > 煮土豆 > 烤箱烤土豆 > 微波烹调土豆 > 炸薯条。

🍲 **烹饪秘笈**

雪菜较咸，含盐的调味料要少放。

香菇蒸芥蓝

越简单越美味

🥄 主料：芥蓝 250 克，鲜香菇 4 朵。

配料：蒜片、蒸鱼豉油各适量，植物油 1/2 汤匙。

🕐 做法

❶ 香菇去蒂，洗净，切厚片；芥蓝择洗干净，整棵码放在盘中。
将香菇放在盘中的芥蓝上，送入蒸锅，上汽后蒸 5 分钟。

❷ 锅烧热，倒入植物油，将蒜片煸炒至色泽金黄，加入蒸鱼
豉油和蒸芥蓝盘中的汤汁，烧开，淋在盘中的芥蓝和香菇
上即可。

营养
贴士
　　每 100 克芥蓝中的维生素 C 含量平均为 103 毫克，比
油菜高出近三倍，是膳食中很好的维生素 C 来源。

🍲 烹饪秘笈

芥蓝也可以换成菜心或整棵的油菜。

腐乳土豆

不能辜负的美味

☺ **主料**：土豆 400 克，红腐乳半块，腐乳汤汁 1 汤匙。

配料：植物油 1 汤匙，花椒粉、葱花各适量，鲜味酱油少许。

🕐 **做法**

❶ 土豆去皮，洗净，切滚刀块；红腐乳用勺背压碎，加入腐乳汤汁调匀。

❷ 炒锅烧热，倒入植物油，放入土豆小火翻炒至表皮焦黄，加小半碗清水烧至土豆熟软、汤汁略微收干，加入调匀的腐乳、花椒粉、鲜味酱油翻炒均匀，撒上葱花即可。

营养贴士　红腐乳由腌坯加红曲、白酒、面曲等发酵而成。腐乳中含有丰富的蛋白质和 B 族维生素，红腐乳的营养价值要高于白腐乳和臭豆腐乳。

🍲 **烹饪秘笈**

花椒粒放入干锅中小火炒香，盛出晾凉后擀碎，用此花椒碎来给这道菜调味会使其更美味！

豆腐炒西葫芦

 平淡不平庸

⊙ **主料**：西葫芦 1 个，北豆腐半块，红尖椒 1/2 个。

配料：姜末适量，植物油 1 汤匙，盐 2 克，鲜味酱油少许。

🕐 **做法**

❶ 西葫芦去蒂，洗净，切丝，加适量盐拌匀，腌渍 10 分钟，挤去水分；北豆腐切大片，用厨房纸巾吸干表面的水分；红尖椒洗净，去蒂、籽，切丝。

❷ 锅烧热，倒入植物油，放入豆腐片煎至两面色泽金黄，盛出，切细条；用锅中的底油炒香姜末，放入西葫芦丝翻炒至断生，下红椒丝和煎好的豆腐条，加盐和鲜味酱油调味即可。

（营养贴士）　西葫芦富含的钾能降低患中风和心脏病的风险。

🍴 **烹饪秘笈**

● 豆腐易碎，所以要先煎再切成条。

● 西葫芦用盐腌渍出水后再炒，就不容易出汤了。

拉皮炒杂菜

🥕 **质朴家常味**

🥄 **主料**：拉皮100克，菠菜1小把，水发黑木耳3朵，胡萝卜1小块。
　配料：姜末、蒜末各适量，植物油、盐、鲜味酱油各少许。

🕐 **做法**

❶ 拉皮切成易入口的细条；菠菜择洗干净，快速焯水，过凉，
攥去水分，切寸段；黑木耳去蒂，洗净，切丝；胡萝卜切丝。

❷ 锅烧热，倒入植物油，炒香姜末，放入胡萝卜丝炒软，下
黑木耳、拉皮、菠菜，加盐、蒜末和鲜味酱油调味即可。

（营养贴士）　　菠菜的绿叶颜色越深说明叶绿素越多，合成的养分越
多，营养价值越高。菠菜中的叶酸、维生素K、叶黄素和
镁的含量都是和叶绿素含量成正比的。

👉 **烹饪秘笈**

清洗黑木耳时加点淀粉，更容易洗净木耳上的脏污。

蒸西葫芦夹红薯泥

🥕 别样味道

🍳 主料：西葫芦 1/2 个，红薯 1/2 个。

配料：熟核桃仁 2 个，盐 2 克，香油适量。

🕐 做法

❶ 西葫芦去蒂，洗净，对半切开，切成 1 厘米左右的厚片，每片从中间切一刀，不切断，加盐腌渍 10 分钟；核桃仁装入保鲜袋中，用擀面杖擀碎。

❷ 红薯洗净，蒸熟，去皮，压成泥，加盐和香油拌匀，填入每个西葫芦片中间，夹紧，码盘，送入蒸锅，上汽后蒸 3~5 分钟，撒上核桃仁碎即可。

营养贴士　吃红薯要相应减少主食。红薯含的碳水化合物和能量与等量的大米几乎相当，吃二两红薯就应少吃二两米饭。

🍲 烹饪秘笈
西葫芦蒸的时间不宜长，不然口感和色泽都会变差。

菠菜薯片汤

来个大碗的

🥄 主料：菠菜 250 克，土豆 1 个。

配料：葱花、水淀粉各适量，植物油、盐、鸡精各少许。

🕐 做法

❶ 菠菜择洗干净，快速焯水，过凉，攥去多余水分，切寸段；土豆去皮，洗净，用厨房纸巾吸干表面水分，切半圆片。

❷ 锅烧热，倒入植物油，放入土豆片煎熟至两面色泽金黄，盛出。

❸ 用锅中的底油炒香葱花，倒入适量清水烧开，放入菠菜，加盐和鸡精调味，用水淀粉勾薄芡，放上煎好的土豆片即可。

（营养贴士）　中医认为，菠菜性凉味甘，具有养血，止血，敛阴，润燥之功。现代研究认为，常吃菠菜可降糖、降低中风的风险等。

🍲 烹饪秘笈

焯菠菜的时候在水中加点食用油，焯出的菠菜颜色翠绿不发黄。

花菜蟹味菇汤

🥕 鲜美又营养

🥗 **主料**：菜花 200 克，蟹味菇 150 克，鹌鹑蛋 6 个。

配料：姜末适量，植物油、盐、鸡精各少许。

🕐 **做法**

❶ 菜花择洗干净，掰成小朵；蟹味菇去蒂，洗净；鹌鹑蛋煮熟，剥去蛋壳。

❷ 锅烧热，倒入植物油，炒香姜末，放入蟹味菇略炒，加适量清水烧开，下菜花煮五分钟，放入鹌鹑蛋，加盐和鸡精调味即可。

（营养贴士）　散菜花相比圆头菜花更嫩，如果用散菜花做这道汤，入锅煮 3 分钟左右就可以了。

🍲 **烹饪秘笈**

● 有些人的皮肤一旦受到轻微的碰撞就会青一块紫一块的，这是体内缺乏维生素 K 的缘故，补充的最佳途径是常吃菜花。

● 鹌鹑蛋的个头比较小，在营养方面，5~6 个鹌鹑蛋约等于 1 个鸡蛋。

糖醋山药

酸酸甜甜好开胃

🥄 **主料**：山药 200 克，青、红柿子椒各 1/3 个，菠萝肉 50 克。

配料：姜末、水淀粉、白糖、米醋各适量，植物油少许，番茄酱 1 汤匙。

🕐 **做法**

❶ 山药去皮，洗净，切片；青、红柿子椒洗净，去蒂、籽，切小块；菠萝肉切片。

❷ 锅烧热，倒入植物油，放入山药片煎至熟透且色泽金黄，盛出；用锅中的底油将青、红柿子椒炒软，盛出。

❸ 锅中再倒入少许油，炒香姜末，加番茄酱、白糖、米醋和水煮开，用水淀粉勾薄芡，倒入山药、柿子椒和菠萝翻炒均匀即可。

营养贴士　　柿子椒能丰富菜肴的色彩，也能赋予菜肴更多的营养，其维生素 C 的含量约为 72 毫克 /100 克，算得上是蔬菜中的 "Vc 之王"。

🍳 **烹饪秘笈**

翻炒山药时要轻，以免弄碎。

素麻婆豆腐

天天吃都不腻

🍲 主料：豆腐 1 块，郫县豆瓣酱 1 汤匙。

配料：花椒、水淀粉、小葱花各适量，植物油、鲜味酱油各少许。

🕐 做法

❶ 豆腐洗净，切小块；郫县豆瓣酱剁碎；花椒粒干锅炒至颜色微微变深，晾凉后擀碎。

❷ 炒锅烧热，倒入植物油，放入郫县豆瓣酱炒出红油，下豆腐翻炒均匀，加入清水中火烧开，转小火煮 3~5 分钟，加鲜味酱油调味，用水淀粉勾薄芡，装盘，撒上花椒碎和小葱花即可。

营养贴士　　内酯豆腐、南豆腐和北豆腐在营养上有很大不同。每 100 克的内酯豆腐、南豆腐和北豆腐的含钙量分别为 17 毫克、116 毫克和 138 毫克，而蛋白质含量分别为 5 克、6.2 克和 12.6 克。

🍲 烹饪秘笈

豆腐要选南豆腐或北豆腐，不宜用内酯豆腐。

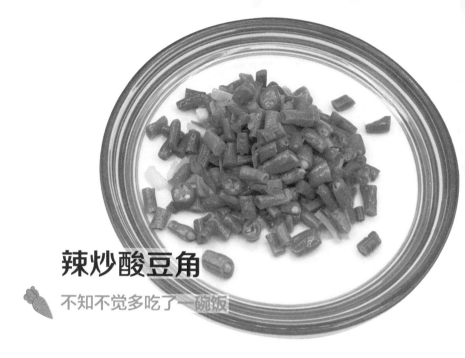

辣炒酸豆角

不知不觉多吃了一碗饭

主料：酸豆角 350 克，小米辣 2 个。

配料：洋葱、白糖各适量，植物油、鲜味酱油各少许。

做法

❶ 酸豆角洗净，切成 0.5 厘米左右的细粒；小米辣洗净，去蒂，切碎；洋葱切碎。

❷ 炒锅烧热，倒入植物油，放入洋葱碎炒香，下辣椒碎炒至色泽红亮，倒入酸豆角翻炒至水分收干，加白糖和鲜味酱油调味即可。

营养贴士　　酸豆角是用盐腌制的，含盐量通常比较高，不宜常吃，否则容易增加患高血压、消化道肿瘤的风险。

烹饪秘笈

● 如果用的酸豆角太酸，可以用清水稍微泡一下。

● 小米辣也可以换成泡椒，味道也不错。

甜椒炒百合

山野的味道

主料：鲜百合1头，青、红、黄柿子椒各1/3个。

配料：姜末、水淀粉各适量，植物油、盐、鸡精各少许。

做法

1. 鲜百合剥成小片状，洗净；青、红、黄柿子椒洗净，去蒂、籽，切小片。

2. 炒锅烧热，倒入植物油，炒香姜末，放入青、红、黄柿子椒片翻炒均匀，加盐和适量清水炒至青、红、黄柿子椒断生，放入百合，大火翻炒几下，加鸡精调味，用水淀粉勾薄芡即可。

营养贴士　百合具有清心安神的作用，能缓解人的紧张情绪，改善睡眠，增进食欲。

烹饪秘笈

● 水淀粉勾芡千万别厚了，太黏稠了会影响美观，薄薄一层，晶莹透亮的感觉最佳！

● 如果买不到鲜百合，用干百合也可以。

素蟹黄豆腐

念念不忘的味道

🙂 主料：嫩豆腐半块，嫩豌豆粒 20 克，南瓜 50 克，鲜香菇 2 朵。
配料：淘米水适量，盐、鸡精、香油各少许。

🕐 做法

① 嫩豆腐洗净，切小块；嫩豌豆粒冲洗一下；南瓜去皮、籽，切小块，蒸熟，压成泥；香菇去蒂，洗净，焯水，切小丁。

② 豆腐和香菇放入汤锅中，加入淘米水，大火烧开后转小火煮 5 分钟，放入南瓜泥和豌豆粒煮至豌豆粒熟软，加盐、鸡精和香油调味即可。

营养
贴士 　　吃豌豆每次不宜超过 50 克，吃多了容易引起腹胀，尤其是脾胃虚弱者不宜多食，以免引起消化不良性腹泻。

 烹饪秘笈
南瓜宜选老一些的，淀粉多、味道甜且糯。

爽口凉菜

　　用素食做凉菜，原本就很适合。素凉菜不仅爽口、易于制作，而且能最大限度地保留食材的营养，更加绿色健康。在生活节奏日益加快的今天，来一盘制作简便而又美味清爽的素凉菜，不失为一种极好的选择。

制作凉菜的常用配料

无论原料是什么，要想制作出美味可口的凉拌菜，就一定离不开配料，下面几种是制作凉菜的常用配料：

盐 盐能给凉菜提供适当的咸度，还能增加凉菜的风味，并具有一定的杀菌作用。

醋 醋能除去蔬菜根茎的天然涩味，还可防止维生素的流失。凉菜过油或者过辣时，加入一点醋，能让菜肴的口感更加清爽。

葱、姜、蒜
葱、姜、蒜味道辛辣，能去除食材的生涩味或腥味。制作需要浸泡一段时间的凉菜时，还能减轻凉菜发酵后的特殊酸味。

红辣椒
红辣椒与葱、姜、蒜的作用相当。其更为刺激的独特味道，是许多凉菜令人胃口大开的关键。

白糖 在凉拌菜中加入少许白糖，能够引出蔬菜中的天然甘甜味道。当白糖用于腌泡菜时，还能加速泡菜的发酵。

凉拌菜的点睛之笔——调味油

葱油、辣椒油（红油）、花椒油等让拌菜的味道更好。

葱油 葱与食用油一起放进锅里，稍泡一会儿，再开小火慢慢熬煮，不待油开就关掉火，放凉后捞去葱，余下的就是葱油了！

辣椒油 俗称红油。把干红椒切成更利于辣味渗出的段状，装入小碗中备用，将油烧热后立刻倒入辣椒里逼出辣味。

花椒油 最简单的做法是把锅烧热后下花椒，炒出香味，然后倒进油，在油面出现青烟前就关火，利用油的余温继续加热。

制作放心凉菜的注意事项

凉菜要美味，更要健康卫生。在制作凉拌菜的过程中一定要注意卫生问题，这样才能吃得健康。

🍎 加些抗菌菜

一般的抗菌菜有大蒜、大葱、洋葱等，这些食物富含广谱抗菌素，在制作凉拌菜时加一些，对部分杆菌、球菌等有抑制和杀灭作用。

🍎 用沸水消毒

将制作凉菜时使用的刀具在沸水中烫洗一下，制作凉菜时使用的案板在沸水中烫洗一下，制作凉菜时使用的盆和碗用沸水冲烫 1 分钟左右。

🍎 蔬果一定要洗净

一些蔬果在生长过程中易受农药、寄生虫和细菌的污染。这些都是人肉眼看不见的，如果蔬果不洗净或仅用干净的抹布擦一擦，制成凉拌菜食用后有可能引起胃肠炎或腹泻。清洗的最好方法是用流水冲洗，流水冲洗可除去 80% 以上的细菌和寄生虫卵。

制作凉拌菜的厨具要专用。比如处理生食和熟食的刀具、菜板、料理机等最好分开，既卫生又能防止串味。

什锦拌菜

绚烂多彩，清新爽口

🍳 主料：球生菜叶 2 片，苦菊 30 克，紫甘蓝叶半片，黄瓜 1/4 根，
小番茄 6 个。

配料：米醋 5 毫升，白糖 5 克，香油适量，鲜味酱油少许。

🕐 做法

❶ 球生菜叶洗净，撕成小片；苦菊洗净，去蒂，切段；紫甘
蓝叶洗净，切丝；黄瓜洗净，切薄片；小番茄洗净，去蒂，
对半切开。

❷ 取小碗，放入米醋、白糖、鲜味酱油、香油拌匀，调成料汁；
取盘，放入生菜、苦菊、紫甘蓝、黄瓜、小番茄，淋上料
汁拌匀即可。

营养
贴士　　生菜含有莴苣素，口感会微微发苦，莴苣素有镇痛催眠、
降低胆固醇，辅助调理神经衰弱等作用。

🍳 烹饪秘笈

● 生菜用手撕成片，吃起来口感会比刀切的更脆！
● 料汁中的白糖注意要充分搅拌至化开。

蓑衣黄瓜

菜名好听味道更棒

- 主料：黄瓜 2 根。
- 配料：朝天椒 2 个，米醋
  1 汤匙，白糖 5 克，
  蒜末适量，鲜味酱
  油、植物油、盐各
  少许。

做法

1. 取小碗，放入米醋、白糖、蒜末、盐和鲜味酱油拌匀，调成料汁；黄瓜去蒂，洗净，切蓑衣花刀，装盘，均匀地淋上料汁；朝天椒剪成小段。
2. 锅烧热，倒入植物油，放入花椒粒和朝天椒段炸出香味，将花椒、辣椒油浇在黄瓜上即可。

营养贴士 黄瓜含有的葡萄糖苷等不参与通常的糖代谢，糖尿病患者用黄瓜代替淀粉类食物充饥，血糖不会升高甚至还会降低，但拿黄瓜当正餐是不可取的。

烹饪秘笈

切蓑衣花刀的方法：在黄瓜两边放 2 根筷子夹住黄瓜，刀刃与筷子呈 45 度角斜着下刀将黄瓜切成片，切到筷子处即停，切完一面后翻个面再这样切一遍。

果仁菠菜

清爽好滋味

🥄 **主料**：花生米 1 小把，菠菜 250 克。

配料：蒜末适量，植物油、香油、盐、鲜味酱油各少许。

🕐 **做法**

❶ 炒锅置火上，倒入植物油，放入花生米小火炒至噼啪响声变小并变色后关火，盛出，晾凉。

❷ 菠菜择洗干净，快速焯水，攥去水分，切段，装盘，放入花生米，加盐、鲜味酱油、蒜末、香油拌匀即可。

（营养贴士）　很多人吃花生喜欢将那层红衣去除，其实花生红衣有助于促使血小板生成，所以建议花生连红衣一起吃。

🍲 **烹饪秘笈**

● 如果想偷懒，可以用超市售卖的麻辣花生代替炒花生米。

● 也可以根据自己的口味，将花生换成自己喜欢的坚果。

洗澡泡菜

小菜一碟也美味

☺ **主料**：西芹 2 根，胡萝卜 1 根，尖椒 2 个，圆白菜 1/4 个，白萝卜 1/2 根。

配料：生姜 1 小块，凉开水 600 毫升，花椒粒 10 粒，米醋 1 汤匙，盐 30 克，冰糖 15 克。

🕐 **做法**

❶ 西芹洗净，切寸段；胡萝卜去蒂，洗净，切细条；尖椒洗净，去蒂、籽，切细条；圆白菜洗净，撕成小片；白萝卜洗净，切条。

❷ 凉开水倒入密封罐中，加盐、花椒粒、姜片、米醋、冰糖摇匀，放入上述处理好的所有蔬菜，密封冷藏 24 小时后即可食用。

营养贴士　　西芹富含的叶绿素能有效地阻断杂环胺的致癌作用，杂环胺多在高温烧烤食物时生成，如果你喜欢吃烧烤食品，吃的时候不妨加些西芹。

🍲 烹饪秘笈

用来做泡菜的密封罐一定要无油无水且干净，不然泡菜容易变质。

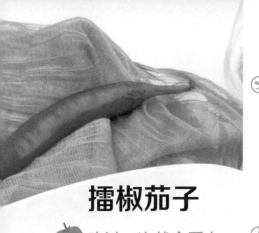

擂椒茄子

🍅 吃过一次就会爱上

😋 主料：茄子 400 克。

配料：小米椒 3 个，小青辣椒 3 根，大蒜 5 瓣，香菜末、花椒粒各适量，蒸鱼豉油 1 汤匙，盐、植物油各少许。

🕐 做法

❶ 茄子去蒂，洗净，蒸熟，沥汤晾凉，撕成茄条，装盘。

❷ 小米椒、小青辣椒洗净，切小段；蒜瓣洗净，去皮，拍扁；把辣椒、蒜放入擂钵中，加盐捣成蓉，再加香菜末、蒸鱼豉油拌匀，淋在茄条上。

❸ 锅中倒入植物油，放入花椒粒炸出香味且微微变色，去除花椒粒，将花椒油浇在盘中的茄子上即可。

<table>
<tr><td>营养贴士</td><td>吃茄子最好不要去皮，因为茄子皮含有维生素 B，还具有一定的抗癌性。</td></tr>
</table>

🍲 烹饪秘笈

这道菜的关键是擂椒酱，一定要把青红椒、蒜捣成泥蓉状。

老虎菜

滋味 "凶猛"

🥢 主料：黄瓜 1 根，尖椒 1 个，大葱白 100 克，香菜 2 棵。
　　配料：蒜末适量，盐、鲜味酱油、香油各少许。

🕐 做法

❶ 黄瓜去蒂，洗净，切丝；尖椒洗净，去蒂、籽，切丝；葱白洗净，切丝；香菜择洗干净，切寸段。

❷ 将这些切好的食材都放入盘中，加盐、鲜味酱油、蒜末、香油拌匀即可。

营养贴士　　大葱含有的大蒜素，具有明显的抵御细菌、病毒的作用，尤其对痢疾杆菌和皮肤真菌抑制作用更强。

🍲 烹饪秘笈

● 主料一定要新鲜，拌好后要根根挺拔不塌秧，最好现拌现食。

● 用洋葱代替大葱白，味道也不错。

酸辣蕨根粉

一盘一会儿就没

🥄 **主料**：蕨根粉 250 克。

配料：小米椒 3 个，蒜末、香菜段各适量，米醋 1 汤匙，白糖 5 克，香油、鲜味酱油各少许。

🕐 **做法**

❶ 小米椒洗净，切成小段；汤锅中加水烧开，放入蕨根粉煮至没有硬芯，过凉，沥干水分，装盘，放上小米椒段和香菜段。

❷ 取小碗，放入米醋、白糖、鲜味酱油、蒜末、香油拌匀，调成味汁，淋在盘中的蕨根粉上即可。

> **营养贴士** 蕨根粉含有较多的类黄酮等抗氧化成分，不仅能够清热解毒，而且对预防慢性疾病也有一定的好处。

🍲 **烹饪秘笈**

蕨根粉过凉、沥水后装盘，可以加点油拌一下，能防止粘在一起。

蒜蓉手撕茄子

简简单单最下饭

😋 主料：茄子 400 克，尖椒 1 个。

配料：大蒜 5 瓣，盐、鲜味酱油、辣椒油各少许。

🕐 做法

❶ 尖椒洗净，去蒂、籽，切碎；茄子洗净，去蒂，蒸熟，晾凉，撕成条，装盘，撒上尖椒碎；大蒜去皮，剁成蒜末。

❷ 取小碗，加盐、鲜味酱油、蒜末、辣椒油拌匀，淋在盘中的茄子上拌匀即可。

（营养贴士） 做茄肴一定要降低烹调温度，最好不油炸，既能减少吸油量，又能有效保存营养。

🍲 烹饪秘笈

蒸熟的茄子撕得细一些更容易入味。

柠香泡椒藕条

酸辣脆爽

🍽 主料：莲藕 350 克。

配料：柠檬 1/2 个，泡椒 6~8
个，泡椒汁 100 毫升，
米醋 1 汤匙，冰糖 5 克，
姜 1 小块，盐 2~3 克。

🕐 做法

❶ 莲藕削皮，洗净，切细条，
焯熟，过凉，沥干水分；
姜洗净，切片；柠檬切片。

❷ 泡椒切小段，放入无油无
水的干净容器中，再加入
泡椒汁、姜片、柠檬片、
盐、冰糖、米醋调匀，放
入焯好的莲藕，加入没过
藕条的清水，盖严容器盖，
送入冰箱冷藏至入味即可
食用。

营养贴士

莲藕富含钾，每 100 克可食用部分含有 293 毫克的钾，
高于香蕉、芹菜。

🍲 烹饪秘笈

鲜嫩的藕，口感较脆，比较适合凉拌、热炒，而老一点
儿的藕则适合蒸、炖、煲汤。

洋葱拌木耳

不怕长肉肉

🥗 主料：洋葱 150 克，水发黑木耳 100 克。
配料：香菜 1 棵，盐、鲜味酱油、香油各少许。

🕐 做法

❶ 洋葱去蒂，撕去老膜，洗净，切丝；黑木耳去蒂，洗净，撕成小朵，焯水，过凉，沥干水分；香菜择洗干净，切成末。

❷ 取盘，放入洋葱、木耳，加盐、鲜味酱油、香油拌匀，撒上香菜末即可。

营养贴士 洋葱的营养价值较高，生吃最不易破坏其中的营养成分。生吃的洋葱最好选紫皮的，其中含有花青素，这种物质能抗氧化。

🍲 烹饪秘笈

将洋葱放入冰箱内冷藏一段时间后再切，能大大减少刺激性物质的挥发，避免在切的时候出现流泪的情况。

秋葵魔芋结

清爽又营养

主料：秋葵 100 克，魔芋结 150 克。

配料：小米椒 2 个，蒜泥适量，香油、盐、鲜味酱油各少许。

做法

❶ 秋葵洗净，焯水，过凉，去蒂，切成不太薄的片；魔芋结用流动的水冲洗一下，焯水，过凉，沥干水分；小米椒洗净，切碎。

❷ 取小碗，放入蒜泥、小米椒碎、香油、盐、鲜味酱油拌匀，调成味汁；取盘，放入秋葵和魔芋结，淋上味汁即可。

营养贴士

秋葵最大的特点是富含黏液蛋白，吃到嘴里滑溜溜的，这种成分能保护胃肠道黏膜。秋葵含有的可溶性膳食纤维能促进胃肠蠕动，有降脂、通便的作用，并且有助于控制血糖。

🍲 烹饪秘笈

秋葵和魔芋结用沸水焯烫约 2 分钟即可。

葱油拌莴笋

品味食材本身的鲜美

主料：莴笋 1 根，红尖椒 1 个。

配料：蒜末适量，盐、鲜味酱油、植物油各少许。

做法

❶ 莴笋削皮，洗净，切成细丝；红尖椒洗净，去蒂、籽，切细丝。

❷ 取盘，放入切好的莴笋丝和红尖椒丝，加盐、蒜末、鲜味酱油。

❸ 锅置火上，倒入植物油烧至微微冒烟，起锅浇在盘中的莴笋丝上，拌匀即可。

> 营养贴士
>
> 莴笋富含维生素、钙、磷、铁、钾、镁、膳食纤维等营养成分。它味道清新，略带苦味，能刺激消化，增加胆汁分泌，有助于改善食欲不振。

烹饪秘笈

莴笋和红尖椒切得细一些，更好入味儿。

双色萝卜丁

酸辣开胃，脆爽可口

☺ 主料：白萝卜 1/2 根，胡
萝卜 1 根，小米椒
3 个。

配料：柠檬 1/4 个，白糖
15 克，米醋 1 汤匙，
盐 5 克。

🕐 做法

❶ 小米椒洗净，去蒂，切
碎;柠檬洗净，切薄片。

❷ 白萝卜、胡萝卜分别去
蒂，洗净，切丁，一同
装入大碗中，加盐拌
匀，腌渍 1 小时，倒掉
腌出的水分，放入小米
椒碎、柠檬片、白糖、
米醋拌匀，送入冰箱冷
藏后食用即可。

营养
贴士

胡萝卜富含的 β－胡萝卜素是维护人体健康不可或缺
的营养素，能滋润皮肤、保护视力、提高免疫力等。

🍲 烹饪秘笈

● 不爱吃辣的可以不放小米辣。

● 不想味道太酸，可以不加柠檬片。

坚果彩虹沙拉

每一口都是一种享受

主料：球生菜叶2片，紫甘蓝叶1片，胡萝卜1小块，小番茄6个，核桃仁15克，腰果10克。

配料：甜味花生酱适量。

做法

❶ 球生菜叶、紫甘蓝叶分别洗净，撕成易于入口的小片；胡萝卜去蒂，洗净，切片，焯熟，晾凉；小番茄洗净，去蒂，对半切开。

❷ 炒锅不放油烧热，分别放入腰果、核桃仁焙香，晾凉，核桃仁掰成小块。

❸ 将上述所有食材一同放入盘中，淋上甜味花生酱拌匀即可。

营养贴士　紫甘蓝含有丰富的花青素，能够起到抗衰老、抗氧化、抗肿瘤的作用。

烹饪秘笈

腰果和核桃仁用锅焙一下口感会更酥脆。

时蔬豆腐

不用开火的美味

☺ **主料**：南豆腐 1 盒，莴笋
50 克，胡萝卜 30 克。

配料：蒜蓉适量，小青辣
椒 2 个，蒸鱼豉油、
香油各少许。

🕐 **做法**

❶ 莴笋削皮，洗净，切细
丝；胡萝卜去蒂，洗净，
切细丝；小青辣椒洗净，
去蒂，切成辣椒圈；取
小碗，放入蒸鱼豉油、
香油、蒜蓉拌匀，调成
料汁。

❷ 南豆腐切大片，码在盘
中，放上莴笋丝、胡萝
卜丝、小青椒圈，淋上
料汁即可。

(营养贴士) 　南豆腐俗称嫩豆腐，一般以石膏点制。其特点是含水量大，质地细嫩，富有弹性，味甘而鲜，但蛋白质、脂肪、钙等含量低于北豆腐。

🍳 烹饪秘笈

　南豆腐较嫩，容易碎，可在盒中用刀划成薄厚均匀的片，再倒扣在盘中，这样操作能较好地保持豆腐的完整。

老醋花生

来瓶啤酒

😋 **主料**：花生米 150 克，陈醋 1 汤匙。

　　配料：香菜 1 棵，白糖 5 克，鲜味酱油、植物油、白酒各少许。

🕐 **做法**

❶ 炒锅烧热，倒入植物油，放入花生米小火炒至噼啪响声变小并变色后关火，盛出，淋入白酒拌匀，晾凉；香菜择洗干净，切段。

❷ 干净的锅中放入陈醋、鲜味酱油、白糖，煮开后关火，晾凉，制成调味汁，淋在盘中的花生米上，放上香菜段即可。

营养
贴士
　　陈醋不仅含有多种有机酸，还含有多种维生素和矿物质，对一些营养素能起到促进吸收的作用，有很好的保健作用。每日陈醋的摄入量不宜超过 6 毫升。

🥘 **烹饪秘笈**

　　炒好的花生米趁热加点白酒拌匀，易于保持酥脆的口感。

腰果炝香芹

佐粥是极好的

☺ 主料：香芹 250 克，腰果 25 克。

配料：姜丝、花椒粒各适量，盐、鲜味酱油、植物油各少许。

🕐 做法

❶ 香芹择洗干净，焯水，过凉，沥水后切寸段；炒锅不放油烧热，放入腰果焙香，晾凉，装入保鲜袋中，用擀面杖擀碎。

❷ 取盘，放入香芹、腰果碎，加盐、鲜味酱油，再放上姜丝和花椒粒。

❸ 锅中倒入植物油烧至微微冒烟，淋在姜丝和花椒粒上，拌匀后即可食用。

营养贴士　腰果含丰富的钾、镁、硒等，能保护心脏，增强心脏活力，预防心脏病，同时油酸和亚油酸含量较高，可降血脂，保护心脑血管健康。

🍳 烹饪秘笈

如果想让香芹的口感更爽脆，可在焯水后放入冰水中浸泡一会儿。

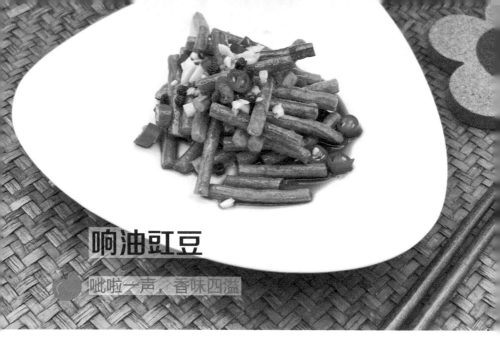

响油豇豆

呲啦一声，香味四溢

🥢 **主料**：豇豆 400 克。

配料：小米辣 3 个，蒜末、花椒粒各适量，盐、鲜味酱油、植物油各少许。

🕐 **做法**

❶ 小米辣洗净，切小段；豇豆择洗干净，切成小段，焯水，过凉，沥水后装盘，加入蒜末、辣椒段、盐、鲜味酱油。

❷ 锅烧热，倒入植物油，放入花椒粒炸至变色，起锅浇在豇豆上拌匀即可。

营养
贴士
　　豇豆含有的维生素 B_1 有维持消化腺的正常功能和胃肠道的蠕动的功能，可抑制胆碱酯酶的活性，促进消化，增进食欲。

🍲 烹饪秘笈

　　豇豆入锅焯 3 分钟左右即可。在焯豇豆的水中加少许盐和植物油，能使豇豆的颜色更翠绿好看。

雪梨拌苦瓜

不太苦有点甜

- 主料：雪梨1个，苦瓜1根，红、黄柿子椒各1/2个。
- 配料：盐1克，白糖5克，苹果醋适量。

做法

1. 雪梨洗净，去蒂、核，切丝；苦瓜洗净，对半切开，去蒂、瓤、籽，切丝；红、黄柿子椒洗净，去蒂、籽，切丝。

2. 取盘，放入处理好的主料，加盐、白糖和苹果醋拌匀即可。

营养贴士　苦瓜性寒，易伤脾胃，孕妇、儿童及体质较差或怕冷、脾胃虚寒者不宜过量食用。

烹饪秘笈　将苦瓜的瓜瓤和白色脉络去除干净，吃起来就不太苦了。

凉拌素什锦

营养全面又解馋

💁 **主料**：菜花 150 克，鲜腐竹 100 克，水发黑木耳 20 克，胡萝卜 1/2 根，西芹 100 克。

配料：蒜末适量，盐、花椒油、鲜味酱油各适量。

🕐 **做法**

❶ 菜花择洗干净，掰成小朵；腐竹洗净，切段；黑木耳去蒂，洗净，撕成小朵；胡萝卜洗净，切片；西芹洗净，切段。

❷ 汤锅置火上，倒入适量清水烧开，放入所有处理好的主料焯至稍微变色，捞出，过凉，沥干水分，装盘，加蒜末、盐、花椒油、鲜味酱油拌匀即可。

> （营养贴士）　　菜花含有抗氧化、防癌症的微量元素，经常食用能降低胃癌、直肠癌及乳腺癌等疾病的发病概率。

🍲 **烹饪秘笈**

喜欢吃辣的也可以加点儿辣椒油。

豌豆苗拌核桃仁

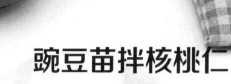

坚果入菜也美味

😋 **主料**：豌豆苗 250 克，核桃仁 30 克。

配料：白糖 5 克，米醋 1 汤匙，盐、橄榄油、鲜味酱油各少许。

🕐 **做法**

❶ 豌豆苗择洗干净，切寸段；炒锅不放油烧热，放入核桃仁焙香，晾凉，掰成小块。

❷ 取盘，放入豌豆苗、核桃仁，加盐、白糖、米醋、橄榄油、鲜味酱油拌匀即可。

（营养贴士）　豌豆苗中胡萝卜素的含量高达 2700 微克 /100 克，而人们常吃的瓜果类蔬菜均在 100 微克 /100 克以下。胡萝卜素能在人体内转变成维生素 A，对维持人体视力、皮肤状态和免疫功能都是必需的。

🍲 烹饪秘笈

● 米醋也可以换成苹果醋。

● 豌豆苗也可以换成生菜、苦苣等蔬菜。

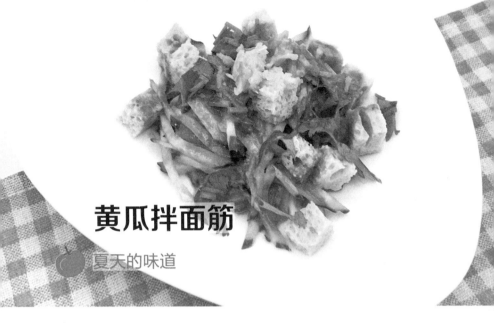

黄瓜拌面筋

夏天的味道

🍃 主料：黄瓜 1 根，面筋 100 克。

配料：芝麻酱 1 汤匙，蒜泥、香菜碎各适量，米醋 1 汤匙，鲜味酱油、盐、花椒油、辣椒油各少许。

🕐 做法

❶ 芝麻酱用凉开水调稀，加蒜泥、香菜碎、花椒油、米醋、鲜味酱油、盐、辣椒油拌匀，调成料汁。

❷ 黄瓜去蒂，洗净，切细丝；面筋切成小丁；取盘，放入黄瓜丝和面筋，淋入料汁拌匀即可。

营养贴士　　面筋是植物性蛋白质，主要由麦谷蛋白和麦醇溶蛋白组成。通过清水反复搓洗，将面团中的淀粉和其他物质洗去，剩下的即是面筋。

🍲 烹饪秘笈

此菜宜现吃现调味，因为黄瓜遇咸味的调味料会出水，口感会变差。

凉拌荷兰豆

脆爽的美味

☺ **主料**：荷兰豆 250 克。

配料：黑、白芝麻各 10 克，胡萝卜 1 小块，蒜末适量，盐、鲜味酱油、花椒油各少许。

🕐 **做法**

❶ 荷兰豆去头尾和老筋，洗净，焯水，过凉，沥干水分；胡萝卜洗净，切片，焯水，过凉，沥干水分。

❷ 炒锅不放油烧热，放入黑、白芝麻焙香，晾凉；取盘，放入荷兰豆、胡萝卜，加蒜末、盐、鲜味酱油、芝麻、花椒油拌匀即可。

（营养贴士）　荷兰豆有生津止渴、益脾健胃、和中下气、止呃逆、止泻痢、通利小便的食疗作用。

🍲 **烹饪秘笈**

荷兰豆焯烫的时间不宜过长，水沸入锅烫 2 分钟即可，这样不仅颜色鲜绿，而且口感爽脆。

葱油金针菇

葱香扑鼻味道鲜

🥣 **主料**：金针菇 250 克，香葱 30 克。
　　配料：蒜泥、植物油各适量，小米椒 2 个，盐、鲜味酱油各少许。

🕐 **做法**

❶ 小米椒洗净，切碎；金针菇去根，洗净，焯水，过凉，沥干水分，装盘，加小米椒、盐、鲜味酱油、蒜泥；香葱择洗干净，切葱花。

❷ 炒锅置火上，倒入植物油烧至五成热，放入葱花炸出香味，淋在盘中的金针菇上拌匀即可。

（营养贴士）　　金针菇是典型的低热量食物，因为它不容易被消化，所以有助于控制体重。

🍲 **烹饪秘笈**
　　葱花入锅后一定要小火慢炸，不要炸焦了。

暴腌蒜薹

餐桌无我淡而无味

🍳 主料：蒜薹 250 克。
配料：姜 1 小块，盐
4 克，鲜味酱
油少许，香油
适量。

🕐 做法

❶ 姜洗净，切细丝；
蒜薹择去花蕾和
老梗，洗净，切
寸段，加盐拌匀，
腌渍 30 分钟，倒
掉腌出的水。

❷ 把腌好的蒜薹装
盘，加姜丝、香
油、鲜味酱油拌匀
即可。

营养
贴士
　　蒜薹富含的维生素 C 具有明显的降血脂及预防冠心病
和动脉硬化的作用，还能减少血栓的形成。

🍲 烹饪秘笈

　　短时间暴腌的蒜薹还带着其特有的鲜辣味儿，不用加蒜
末或辣椒油来调味。

什锦粉丝

🍅 **五颜六色好热闹**

🥢 **主料**：粉丝 50 克,菠菜 1 小把,豆腐皮 50 克,水发黑木耳 20 克,
  胡萝卜 1 小块。

  配料：蒜泥适量, 盐、花椒油、鲜味酱油各少许。

🕐 **做法**

❶ 菠菜择洗干净, 焯水, 过凉, 沥干水分, 切段;豆腐皮洗净,
  切丝, 焯水, 过凉, 沥干水分;黑木耳去蒂, 洗净, 撕成小朵,
  焯水, 过凉 ; 胡萝卜切丝。

❷ 汤锅中加适量清水烧开, 放入粉丝煮熟, 过凉, 沥干水分,
  装入大碗中,再放入之前处理好的主料,加盐、蒜泥、花椒油、
  鲜味酱油拌匀即可。

> （营养贴士） 　菠菜富含叶酸, 半斤菠菜中所含叶酸的量, 一般超过
> 了 1 片 400 微克的叶酸片。叶酸缺乏可导致同半胱氨酸水
> 平升高, 增加心血管疾病风险。

🍲 **烹饪秘笈**
  菠菜入沸水中焯烫 1 分钟即可。

菌菇拼盘

🍅 **鲜味满满**

🍽 **主料**：水发黑木耳30克，杏鲍菇1个，鲜大香菇3个，平菇50克。

配料：蒜末、香菜碎各适量，辣椒油、鲜味酱油各少许。

🕐 **做法**

❶ 取小碗，放入辣椒油、蒜末、香菜碎、鲜味酱油拌匀，调成蘸汁。

❷ 黑木耳去蒂，洗净；杏鲍菇洗净，纵向切1厘米厚的片；香菇去蒂，洗净，切成0.5厘米厚的片；平菇去根，洗净，一朵朵撕开；将上述处理好的主料一同焯水，过凉，沥干水分，归类摆盘，配蘸汁食用即可。

营养贴士

平菇含有的平菇多糖有一定的抗氧化作用，其中的牛磺酸是胆汁酸的成分，对脂类的消化吸收以及溶解胆固醇可起到重要作用。

🍲 **烹饪秘笈**

各种菌菇放到沸水中稍微焯一下就可以。

中式西兰花沙拉

爽脆咸鲜，百吃不厌

🍳 **主料**：西兰花 400 克。

配料：姜 1 小块，红尖椒 1 个，植物油、鲜味酱油各少许。

🕐 **做法**

❶ 西兰花择洗干净，掰成小朵，焯熟，过凉，沥干水分，装盘；姜洗净，剁成姜蓉；红尖椒洗净，去蒂、籽，切碎。

❷ 炒锅置火上，倒入植物油，放入姜蓉和红尖椒碎翻炒至出香味，盛出，加鲜味酱油拌匀，淋在焯好的西兰花上拌匀即可。

营养贴士 西兰花中的一些活性物质可以减少过敏物对人体的影响，降低过敏危险。

🍲 **烹饪秘笈**

西兰花焯水的时间不宜长，焯至变成亮绿色即可，这样口感更爽脆。

绿豆芽拌菠萝

酸酸甜甜惹人爱

主料：绿豆芽 150 克，菠萝肉 100 克，红柿子椒 1/4 个。

配料：柠檬汁、橄榄油各适量，盐、黑胡椒粉各少许。

🕐 做法

❶ 绿豆芽洗净，焯水，过凉，沥干水分；菠萝肉切小丁；红柿子椒洗净，去蒂、籽，切丝。

❷ 取盘，放入绿豆芽、菠萝肉和红椒丝，加盐和黑胡椒粉，淋上柠檬汁和橄榄油拌匀即可。

营养贴士　　绿豆芽富含烟酸、维生素 B_2、B_1 以及胡萝卜素。绿豆芽中含有的核黄素，可缓解口腔溃疡。另外，绿豆芽富含纤维素，是便秘者的健康蔬菜。

🍲 烹饪秘笈

绿豆芽不要焯得太久，不然会失去爽脆的口感。

凉拌豆腐皮

吃不腻的家常味儿

😋 主料：豆腐皮 200 克，绿尖椒 1/2 个，胡萝卜 1 小块。

配料：蒜末、香菜碎各适量，辣椒油、盐、鲜味酱油各少许。

🕐 做法

❶豆腐皮洗净，切丝，焯水，过凉，沥干水分；绿尖椒洗净，
去蒂、籽，切丝；胡萝卜切丝；将上述处理好的主料装盘。

❷取小碗，放入蒜末、辣椒油、香菜碎、盐、鲜味酱油拌匀，
调成味汁，淋在盘中的豆腐皮丝上拌匀即可。

营养
贴士 　　尖椒一般能够起到开胃消食的作用，吃饭不香或者饭
量减少时，可适当吃些尖椒，能够增强食欲。

🍲 烹饪秘笈

豆腐皮焯一下水，能去除一些豆腥味。

炝拌双丝

🍎 妈妈的味道

😊 **主料**：大土豆 1 个，胡萝卜 1 小根。

配料：香菜适量，干朝天椒 2 个，花椒粒、米醋、白糖各适量，盐、植物油各少许。

🕐 **做法**

❶ 干朝天椒剪成小段；土豆去皮，洗净，切细丝；胡萝卜去蒂，洗净，切丝；将土豆丝和胡萝卜一同入锅焯熟，过凉，沥干水分，装盘，放入米醋、白糖、盐、香菜段。

❷ 锅置火上，倒入植物油，放入朝天椒段和花椒粒炸出香味，淋在盘中的土豆、胡萝卜丝上拌匀即可。

营养贴士　有研究表明，胡萝卜在沸水中热烫 2 分钟后 β - 胡萝卜素的保存率为 96.2%，蒸 8 分钟为 90.5%，油炒 5~10 分钟为 83.3%，油炒两分钟、加水炖煮 8 分钟为 75%。

🍲 **烹饪秘笈**

自己切的土豆丝比用擦丝器擦出的土豆丝好吃。

酸奶蔬菜沙拉

再来一盘

○ 主料：苦苣 100 克，黄瓜 1/2 根，紫洋葱 1/4 个，小番茄 6 个。
配料：纯酸奶 100 克。

○ 做法

❶ 苦苣去根，洗净，控干水分，切段；黄瓜去蒂，洗净，切片；紫洋葱切丝；小番茄洗净，去蒂，对半切开。

❷ 将处理好的所有主料放入容器中，淋上酸奶拌匀即可。

营养
贴士
　　常温酸奶中没有活的乳酸菌。冷藏酸奶除了能提供优质蛋白质、钙等营养物质外，还能提供有益肠道健康的活的乳酸菌。

🍲 烹饪秘笈
紫洋葱也可以换成紫甘蓝。

快手宴客菜

大多数人会认为素食比较适合自己日常食用，不适合拿来宴请亲朋好友，其实用素食招待客人仪式感一点儿都不差，并且素宴营养又健康，通常简单做一做，比肉要好吃！

宴客菜的制作要点

掌握以下几个制作要点，能让你做出色、香、味、形俱佳的宴客菜。

选好原料　宴客菜的选料可分为主料和配料的选择。素食菜肴的主料，应选择一些新鲜、脆嫩的蔬菜和菌类。配料应对整道宴客菜的色泽和口味起到良好的辅助作用，选料时应选择那些新鲜、脆嫩、色泽鲜艳的原料。

搭配合理　原料搭配需要注意，配料要服从主料，配料主要起衬托作用，主、配料要有主次之分，不要喧宾夺主。

把握火候　一般来说，火候大体上可分为大火、中火、小火、微火。大火多用于形小、质嫩的原料及素菜的快速烹调，主要适宜炒、炸、蒸等烹调方法。中火用途最广泛，多用于一些体积略大的原料和煲汤，适宜烧、煮、蒸、烩等烹调方法。小火适用于质老或形大，且需较长时间加热的原料，菜肴一般先用大火烧沸后再转小火烧至入味或煮至熟，适用于煎、贴、塌等烹调方法。微火是一种最小的火力，供热微弱，适用于某些特殊烹调方法，如煨、炖等，或者用于菜肴的保温。

调味适当　调味是烹调中最为重要的一个环节，调味的好坏，对菜肴口味的好坏起着决定性作用。调味的方法可分为烹调前调味、烹调中调味和烹调后调味三种。

装盘美观　装盘可分为冷菜装盘、热菜装盘和汤菜装盘三种，是整个宴客菜制作的最后一个步骤。装盘的好坏，与菜肴的清洁卫生和形态美观等都有很大的关系。菜肴装盘需要做到形态美观、完整均匀、色泽分明等。

宴客菜与季节

制作宴客菜时应根据季节的变化来调整菜肴的用料，使菜肴的食物品种能与季节相适应，这样才能做出既好吃又营养的宴客菜。

 春季

春季可以吃到的蔬菜、水果的品种还不是很多，但蔬菜、水果富含维生素，在安排宴客菜时，要多增加蔬菜和水果的摄取，还要做到营养均衡。

 夏季

夏季人体消耗大，代谢机能旺盛，体内蛋白质分解加快，常处于蛋白质缺乏状态，所以宴客菜中要增加富含蛋白质的食品，如豆类及豆制品、坚果等。夏季的蔬菜瓜果种类繁多，如冬瓜、黄瓜、丝瓜、苦瓜、番茄、莴笋等，对防暑防病均有一定的作用。此外，夏季的宴客菜品应清淡、爽口、易于消化。

 秋季

秋季在宴客菜品的安排上应注意以清润为宜，可多安排些豆腐、莲藕、萝卜、百合、银耳、核桃、芝麻等有润肺、滋阴、养血作用的菜品。秋季要少吃辣椒、葱、姜、蒜、洋葱等辛辣、燥热的食物。

 冬季

为了适应和抵御寒冷，冬季宴客菜品上要多安排含碳水化合物、脂肪和蛋白质等营养素的热源食品，以提高机体对寒冷的耐受能力，如谷类、蛋类、豆类及豆制品等。

维生素可提高人体对寒冷的适应能力，因此宴客菜应多选择新鲜蔬菜和水果，如大白菜、菠菜、油菜、胡萝卜、豆芽以及橙子、猕猴桃等。

豆腐皮蔬菜卷

🎃 颜值高味道好

😋 **主料**：豆腐皮 2 张，芹菜 1 棵，胡萝卜 1 根，香葱 2 棵。
　　配料：香油、盐、甜面酱各适量。

🕐 **做法**

❶ 胡萝卜去蒂，洗净，切细丝；芹菜去根，洗净，焯水，切成寸段；香葱择洗干净，切寸段。

❷ 胡萝卜、芹菜、香葱同入一碗中，放少许盐、香油拌匀，静置 5 分钟。

❸ 豆腐皮焯水，晾凉，切成 10 厘米左右的方块，将适量的菜料铺在上面，再从下向上卷起来，切段，装盘，蘸甜面酱食用即可。

> 营养贴士
>
> 豆腐皮和蔬菜搭配同食，富含蛋白质、维生素和矿物质，有改善代谢、降低甘油三酯和胆固醇的食疗效果。

🍳 **烹饪秘笈**

● 豆腐皮可以生吃，但考虑到卫生，焯一下水再用更放心。

● 中间卷的菜可以随自己的喜欢来调整，只要是能生食的就可以，色彩也可以尽量丰富些。

素狮子头

弹性十足，口感嫩滑

主料：豆腐 250 克，面粉 40 克，大白菜 150 克，荸荠碎、香菇碎、胡萝卜碎、芹菜末各少许。

配料：姜片适量,老抽、盐、鲜味酱油、植物油各少许。

做法

① 大白菜择洗干净，掰成小片；豆腐洗净，压碎，加面粉、荸荠碎、香菇碎、胡萝卜碎、芹菜末、植物油、老抽拌匀，捏成圆球状,放在盘中,蒸熟。

② 锅烧热，倒入植物油，炒香姜片，放入大白菜翻炒均匀，再放入素丸子，加适量清水、盐、鲜味酱油烧至丸子入味即可。

营养贴士

丸子蒸熟比炸熟少油，更健康。

烹饪秘笈

盘子上涂抹些植物油再放上素狮子头，蒸熟后不容易粘盘。

冷串串

香中带辣

🥄 **主料**：煮鹌鹑蛋、水发腐竹、水发黑木耳、莴笋各适量。

配料：竹签子、植物油、麻椒、洋葱丁、姜片、干朝天椒、白芝麻、白糖、火锅底料各适量。

🕐 **做法**

❶ 鹌鹑蛋去壳;腐竹洗净，切段;黑木耳去蒂，洗净;莴笋去皮，洗净，切圆形片。

❷ 用沸水分别焯一下腐竹、木耳、莴笋片;竹签子用沸水煮一下消毒，将上述处理好的食材依次穿串。

❸ 炒锅烧热，倒入植物油，炒香麻椒、洋葱丁、姜片、干朝天椒，放入火锅底料略炒，加适量清水烧开，离火，晾凉后去渣，加入白芝麻和白糖调味，放入穿好的串串浸泡 1 小时即可。

营养贴士

有咽喉肿痛、胃溃疡、胃炎等消化道疾病者不宜吃辣。

🍲 **烹饪秘笈**

白芝麻不能省略，可起到增香的作用。

三丝春卷

 皮酥脆，馅咸鲜

主料：春卷皮适量，香菇 3
　　　朵，胡萝卜 1/2 根，
　　　圆白菜 50 克。

配料：水淀粉适量,植物油、
　　　盐、鲜味酱油各适量。

做法

❶ 香菇、胡萝卜分别去蒂，
　洗净，切丝；圆白菜择
　洗干净，切丝。

❷ 炒锅烧热，倒入植物油，
　放入切好的香菇、胡萝
　卜、圆白菜炒至断生，
　加盐和鲜味酱油调味，
　盛出，晾凉。

❸ 取春卷皮，放入适量炒
　好的菜，卷成卷，边缘
　沾些水淀粉封好口，用
　适量植物油煎熟且两面
　色泽金黄即可。

营养
贴士

春卷用油煎熟比用油炸熟更少油、更健康。

烹饪秘笈

可以多包些冻在冰箱里，随吃随取。

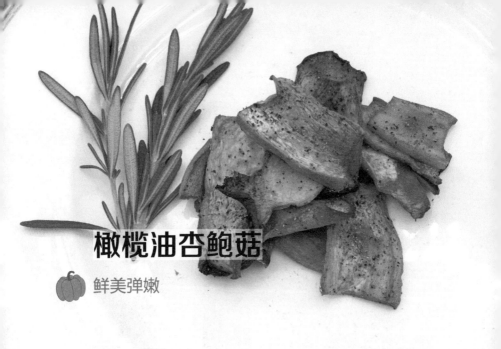

橄榄油杏鲍菇

🎃 **鲜美弹嫩**

🥄 主料：杏鲍菇 2 个。

　　配料：橄榄油、黑胡椒碎各适量，盐少许。

🕐 做法

❶ 杏鲍菇洗净，切长片；取烤盘，铺上锡纸，放上杏鲍菇片，在每片杏鲍菇上刷一层橄榄油，撒上盐和黑胡椒碎。

❷ 将杏鲍菇送入烤箱中层，用 180 摄氏度烤 35 分钟即可，烤至 17 分钟时取出，倒掉杏鲍菇出的水，再刷一层橄榄油烤至时间到即可。

营养
贴士
　　杏鲍菇富含维生素、膳食纤维、矿物质、微量元素和氨基酸，可以有效降低餐后血糖。

🍲 烹饪秘笈

　　杏鲍菇的形状可以按自己的喜好来切。

什锦素卤味

🎃 麻辣入味

🥄 **主料**：毛豆、豆腐干、杏鲍菇各 250 克。

配料：姜 1 小块，大料 2 个，香叶 2 片，桂皮 2 片，干朝天椒 3 个，花椒少许，老抽 15 毫升，冰糖 30 克，盐 5 克。

🕐 **做法**

❶ 毛豆洗净；豆腐干洗净；杏鲍菇洗净，切滚刀块；姜洗净，切片。

❷ 将处理好的主料和所有配料一同放入煮锅中，加入没过食材的清水，大火烧开后转小火煮 40 分钟，不开锅盖焖泡 1 小时即可。

> **营养贴士**　毛豆中低聚糖含量较高，容易引起胀气，胃肠功能较弱者或慢性腹泻者应少吃或不吃。

🍲 **烹饪秘笈**

这个配方还可以用来卤带壳花生、藕片、海带等。

拌杂菜

 用力拌，大口吃

🥄 **主料**：菠菜 100 克，绿豆芽 100 克，粉条 1 小把，水发黑木耳 5 朵，鲜香菇 3 朵，胡萝卜 1 小块。

配料：熟白芝麻、蒜末各适量，盐、鲜味酱油、花椒油、辣椒油各少许。

🕐 **做法**

❶ 菠菜、绿豆芽分别择洗干净；粉条剪成易于入口的长度，煮熟；黑木耳去蒂，洗净；香菇去蒂，洗净；胡萝卜洗净，切丝。

❷ 锅中烧沸水，分别焯烫菠菜、豆芽、黑木耳、香菇、胡萝卜，焯水后菠菜切寸断，黑木耳切丝，香菇切片。

❸ 将焯好的所有食材放入盛器中，加盐、蒜末、鲜味酱油、花椒油、辣椒油、白芝麻拌匀即可。

（营养贴士）　零技术含量的拌菜，可是食材丰富、营养均衡。

🍲 **烹饪秘笈**

焯烫后的蔬菜一定要沥干水分，不然拌制时会出汤，影响口感。

蔬菜版罗宋汤

🎃 酸甜开胃，汤色诱人

☺ 主料：番茄、土豆各 1 个，胡萝卜 1/2 根，西芹、圆白菜各 50 克，洋葱 1/4 个。

配料：番茄酱 30 克，白糖 10 克，黑胡椒粉适量，盐、植物油各少许。

🕐 做法

❶ 番茄洗净，去皮、蒂，切块；土豆去皮，洗净，切丁；胡萝卜去蒂，洗净，切丁；西芹、洋葱分别择洗干净，切丁；圆白菜洗净，撕成小片。

❷ 锅烧热，倒入植物油，放入切好的番茄、土豆、胡萝卜、西芹、洋葱翻炒均匀，加入 700 毫升清水和白糖、番茄酱，大火煮开后转小火煮至土豆熟软，放入圆白菜略煮，加盐和黑胡椒粉调味即可。

营养贴士　　番茄酱中除维生素 C 以外的绝大部分营养素含量都远远高于番茄，因此，番茄酱浓缩了番茄的大部分精华。

🍲 烹饪秘笈

洋葱宜用白洋葱，味道比紫洋葱好。

浇汁煎豆腐

入味多汁，香辣美味

- 🥄 **主料**：北豆腐 1 盒（约 380 克）。
  配料：蒜末、葱末、白胡椒粉各适量，白糖、鲜味酱油、剁椒、植物油各少许。

- 🕐 **做法**
  ❶ 取小碗，加蒜末、葱末、白糖、鲜味酱油、剁椒、白胡椒粉和少许凉开水拌匀，调成味汁。
  ❷ 将豆腐切成半厘米厚的大片；平底锅烧热，倒入植物油，将豆腐片码入锅中，煎至两面色泽金黄，淋入味汁，小火烧至汤汁减少，豆腐微微塌软，改中火把汤汁基本收干即可。

> **营养贴士**
> 　　白胡椒的主要成分是胡椒碱，也含有一定量的芳香油、粗蛋白、粗脂肪及可溶性氮，能祛腥、解油腻、助消化。

🍲 **烹饪秘笈**
　　豆腐煎至两面色泽金黄就可以了，不要煎得太久，这样口感更好。

蒜蓉粉丝蒸丝瓜

 瞬间胃口大开

主料：丝瓜 1 根，绿豆粉丝
1 把。

配料：葱白末适量，大蒜5瓣，
红尖椒1/2 个，植物油、
鲜味酱油各少许。

做法

❶ 粉丝用温水泡软；蒜瓣洗
净，去皮，捣成蒜蓉；红
尖椒洗净，去蒂、籽，切
碎；丝瓜去皮、蒂，洗净，
切成不太长的条。

❷ 炒锅烧热，倒入植物油，
放入蒜蓉、葱末炒香，加
红尖椒碎和鲜味酱油翻炒
均匀。

❸ 泡软的粉丝沥干水分，铺
在盘底，再放上丝瓜条，
浇上炒好的蒜蓉，送入蒸
锅，上汽后中火蒸 8 分钟
即可。

营养贴士

丝瓜能解暑防燥，非常适合三伏天食用。

烹饪秘笈

喜欢辣味重一些的，可以将红尖椒换成剁椒。

西兰花炒核桃仁

🎃 坚果入菜格外香

😋 **主料**：西兰花 250 克，干核桃仁 30 克。

配料：姜末、蒜末各适量，盐、植物油、鲜味酱油各少许。

🕐 **做法**

❶ 炒锅不放油烧热，放入核桃仁焙香，晾凉，掰成小块；西兰花择洗干净，掰成小朵，用沸水焯烫半分钟左右，捞出备用。

❷ 炒锅烧热，倒入植物油，炒香姜末，放入西兰花和核桃仁大火快速翻炒几下，加盐、蒜末和鲜味酱油调味即可。

营养
贴士

核桃仁尽量带着那层褐色的薄皮食用，可起到补肾、温肺定喘等作用。

🍲 烹饪秘笈

此菜宜用大火快炒，这样西兰花和核桃仁的口感更好。

蜜桂山药

山药最简单、最小资的吃法

🥄 **主料**：铁棍山药 300 克。

配料：蜂蜜、糖桂花各 5 克。

🕐 **做法**

山药削皮，洗净，切成不太短的段，送入蒸锅，上汽后蒸 20 分钟左右，装盘，淋上蜂蜜和糖桂花即可。

（营养贴士）

中医认为，山药性平、味甘，能平补肺、脾、肾三脏。

🍲 **烹饪秘笈**

削皮后的山药浸泡在加入白醋的清水中，能防止其氧化发黑。

莲藕豆腐饼

莲藕清香，豆腐滑嫩

主料：莲藕、南豆腐各 150 克，鸡蛋 1 个。

配料：淀粉、葱末、姜末、五香粉各适量，盐、植物油、香油、鲜味酱油各适量。

做法

① 莲藕去皮，洗净，剁碎；豆腐用勺背压碎；取大碗，放入莲藕碎和豆腐碎，磕入鸡蛋，加淀粉、葱末、姜末、盐、香油、五香粉、鲜味酱油搅拌均匀，取适量整形成一个个的小饼。

② 平底锅烧热，倒入植物油，放入莲藕豆腐饼小火煎至熟透且两面色泽金黄即可。

营养贴士

用富含淀粉的藕替代部分主食，可避免主食品种过于单调，还能增加营养素的摄入。

烹饪秘笈

饼不要太薄，也别太厚，这样口感好，也容易煎熟。

白灼芥蓝

素菜中的小清新

😋 **主料**：芥蓝 250 克。

配料：葱白丝、姜丝各适量，蒸鱼豉油、生抽各 15 毫升，盐、植物油、白糖各少许。

🕐 **做法**

❶ 芥蓝去掉老叶和老根，洗净，用沸水焯烫半分钟左右，过凉开水，沥干水分，装盘。

❷ 锅烧热，倒入植物油，炒香葱白丝和姜丝，加蒸鱼豉油、生抽、盐、白糖和少许焯芥蓝的水，煮沸后淋在盘中的芥蓝上即可。

> (营养 贴士) 　　芥蓝中的胡萝卜素、维生素 B_2、维生素 K、叶酸以及镁、钾等微量元素含量较多，是营养价值较高的绿叶蔬菜。

🍲 **烹饪秘笈**

烹调此菜宜选形态笔直、粗细适中、无黄叶的芥蓝。

多彩蔬菜粒

 清脆甜嫩

🍂 **主料**：嫩豌豆粒、甜玉米粒各 50 克，黄瓜、胡萝卜各 1/2 根。
配料：葱花适量，盐、鲜味酱油、植物油各适量。

🕐 **做法**

❶ 嫩豌豆粒、甜玉米粒分别洗净；黄瓜、胡萝卜分别去蒂、洗净，切小丁。

❷ 炒锅烧热，倒入植物油，炒香葱花，放入胡萝卜丁翻炒至变色，下豌豆粒、玉米粒翻炒均匀，加适量清水烧至豌豆粒熟透，加黄瓜丁翻炒至断生，加盐和鲜味酱油调味即可。

（营养贴士） 此菜富含多种维生素，可起到增强体质、平衡免疫力的作用。

🍲 **烹饪秘笈**
黄瓜丁宜在起锅前加入，炒制时间长口感就不爽脆了。

椒盐小土豆

最好吃的土豆

主料：土豆 2 个。

配料：椒盐 3 克，孜然粉
3 克，辣椒粉 2 克，
白芝麻适量，植物
油少许。

做法

❶ 土豆削皮，洗净，切
滚刀块，蒸熟；炒锅
不放油烧热，放入白
芝麻焙香，晾凉；取
小碗，加椒盐、孜然粉、
辣椒粉、白芝麻拌匀。

❷ 平底锅烧热，倒入植
物油，放入蒸好的土
豆，小火煎至色泽金
黄，装盘，撒上调好
的调味料拌匀即可。

营养
贴士
　　胃寒的人，平时可以在烹调时放点儿孜然，能祛除胃
中的寒气。

烹饪秘笈

椒盐有咸味，可以不用再加盐了。

红酒烤无花果

🎃 别有一番滋味

😋 **主料**：无花果 3 个，红葡萄酒 40 毫升。
　　配料：白糖 10 克，蜂蜜 5 克。

🕐 **做法**

❶ 煮锅中倒入红酒，加白糖煮至溶化且酒汁浓稠，离火，凉
　　至温热，加蜂蜜调匀。

❷ 无花果洗净，切成 4 瓣，码放在烤盘中，送入烤箱中层，用
　　180 摄氏度烤 3~5 分钟，取出装盘，淋上熬好的红酒汁即可。

> (营养
> 贴士)　　无花果能利咽消肿，有助于缓解咽喉疼痛、急性咽喉
> 炎等。

🍲 **烹饪秘笈**

　　红葡萄酒加热后会有股酸涩的味道，加点儿白糖和蜂蜜
能减淡酸涩味。

水果燕麦坚果沙拉

🎃 越吃越美、越苗条

☺ **主料**：即食燕麦片 30 克，
开心果仁、腰果仁
各 10 克，蔓越莓
干 10 克，猕猴桃
2 个，苹果 1 个。

配料：纯酸奶适量。

🕐 **做法**

❶ 炒锅不放油烧热，放入
开心果仁、腰果仁焙
香，晾凉，擀碎；猕
猴桃洗净，去皮，取
果肉切丁；苹果洗净，
去蒂、果核，切丁。

❷ 取沙拉碗，放入燕麦片、
蔓越莓干、猕猴桃丁、
苹果丁，淋上酸奶，撒
上坚果碎即可。

营养
贴士　　这道沙拉富含膳食纤维、维生素、不饱和脂肪酸，且
低脂、低糖，营养全面，美味又健康。

🍲 烹饪秘笈
一定要用适合做沙拉的即食燕麦片哦！

胭脂藕

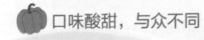
口味酸甜，与众不同

主料：莲藕 200 克，紫甘蓝 1/2 个。

配料：白醋 1 汤匙，蜂蜜适量。

做法

❶ 莲藕去皮，洗净，切薄片，用沸水焯熟，过凉开水；紫甘蓝择洗干净，去蒂，切成细丝，放入汁渣分离的榨汁机中，加少许凉开水榨取紫甘蓝汁。

❷ 将紫甘蓝汁倒入大碗中，加白醋和蜂蜜搅拌均匀，放入焯好的藕片浸泡 3~4 小时即可食用。

营养贴士　　莲藕富含的 B 族维生素有助于减轻烦躁感，改善心情，缓解头痛和减轻压力，预防心脏病。

烹饪秘笈

如果用的是汁渣不分离的榨汁机，就需要把榨取的紫甘蓝汁过滤一下，去渣留汁。

黑椒洋葱圈

 喷香酥脆很解馋

🍳 **主料**：洋葱 1 个。

　　配料：鸡蛋 2 个,黑胡椒粉适量,面包糠 150 克,橄榄油 15 毫升,
　　　　　淀粉 1 小碗, 盐少许。

🕐 **做法**

❶ 洋葱切去头、尾, 撕去老膜, 洗净, 擦干表面的水分, 切
　成厚约 1 厘米的片, 分出稍大的洋葱圈备用;鸡蛋磕入碗中,
　打散, 加盐、黑胡椒粉搅匀。

❷ 将洋葱圈逐个裹满淀粉, 再裹上一层蛋液, 沾满面包糠,
　码放在刷上少许橄榄油的烤盘中, 送入烤箱中层, 用 200
　摄氏度烤 10 分钟, 取出, 将洋葱圈翻面, 再继续烤 10 分
　钟即可。

（营养贴士）　　　对中年人来说, 洋葱是要适当多吃的健康蔬菜, 对控
制血脂、抗衰老等有益。

🍲 **烹饪秘笈**
　　没用到的稍小的洋葱圈可以拿来炒鸡蛋或做拌凉菜吃。

麻辣烤豆腐

 味道秒杀夜市摊

 主料：北豆腐 1 块（约 500 克）。

配料：白糖 5 克，花椒粉、香菜碎、豆瓣酱各适量，盐、植物油、辣椒油、生抽各少许。

做法

1. 豆腐洗净，切成厚约 1 厘米的中等大小的方块；取小碗，加盐、白糖、生抽、豆瓣酱、花椒粉、辣椒油拌匀，调成烧烤酱。

2. 取烤盘，铺上锡纸，刷上一层植物油，码放上豆腐块，在每块豆腐上淋些烧烤酱，送入烤箱中层，用 180 摄氏度烤 20 分钟，取出，撒上香菜碎即可。

营养贴士　香菜短时间烹煮，能保留住其中遇热易分解的营养素，留下更多营养物质。

🍲 **烹饪秘笈**

香菜碎也可以换成香葱碎。

玉米彩椒圈

让孩子喜欢吃蔬菜

主料：青、红、黄柿子椒各 1 个，甜玉米粒 150 克，鸡蛋 2 个。

配料：盐、橄榄油、玉米淀粉、黑胡椒碎各适量。

做法

❶ 青、红、黄柿子椒洗净，去蒂、籽，每个颜色的柿子椒分别切下 4 个 1 厘米厚的椒圈；鸡蛋磕入碗中，打散，加盐和淀粉搅匀。

❷ 取烤盘，铺上锡纸，刷上一层橄榄油，码放上椒圈，在每个椒圈内放上适量玉米粒，再淋上些调好的鸡蛋液，撒上黑胡椒碎，送入烤箱中层，用 180 摄氏度烤 15~20 分钟即可。

营养贴士

柿子椒富含维生素 C，含量是其他辣椒种类的 2 倍，经常食用能增强抵抗力。

烹饪秘笈

如果用现磨黑胡椒味道会更好。

梅渍小番茄

🎃 酸甜熨贴

😋 主料：小番茄 500 克，话梅 8 颗。
　　配料：冰糖 10 克，柠檬 1/4 个。

🕐 做法

❶ 小番茄洗净，用沸水烫半分钟，过凉开水，捞出，去皮，放入密封罐中。

❷ 煮锅中放入冰糖、话梅和没过锅中食材的清水，煮开至冰糖溶化，离火，晾凉，倒入装有小番茄的密封罐中，再挤入些柠檬汁，盖严罐子盖，送入冰箱冷藏 1 天后即可食用。

营养贴士　　柠檬富含柠檬酸、苹果酸、维生素 C、钾、钙、镁、磷等，还含有柠檬精油、橙皮苷、柚皮苷等保健成分，切片泡水更有利于营养物质的释放。

🍲 烹饪秘笈
　　密封罐一定要干净，不然浸渍的食材容易变质。

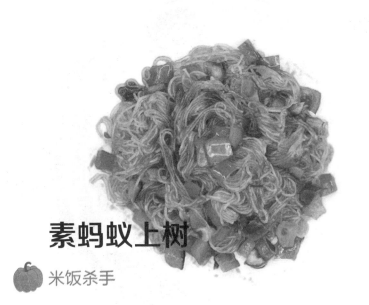

素蚂蚁上树

🎃 米饭杀手

😋 **主料**：绿豆粉丝 2 把，香菇 2 朵，青、红尖椒各 1/2 个。
　配料：郫县豆瓣酱 15 克，姜末、盐、鲜味酱油、植物油各少许。

🕐 **做法**

❶ 粉丝剪成易于入口的长度，用清水泡软；香菇去蒂，洗净，焯水，切碎；青、红尖椒洗净，去蒂、籽，切小丁。

❷ 炒锅烧热，倒入植物油，炒香姜末，放入郫县豆瓣酱炒出红油，倒入香菇碎翻炒均匀，加粉丝翻炒至上色，用盐和鲜味酱油调味，下青、红尖椒丁翻炒至汤汁略干即可。

（营养贴士） 粉丝的升糖指数较高，一般不建议糖尿病患者过多食用。

🍲 烹饪秘笈

粉丝也可以换成粉条。

藜麦蔬果沙拉

🎃 开胃解腻

🥄 **主料**：藜麦 50 克，苦苣、生菜各 50 克，水果黄瓜 1 根，小番茄 5 个，蓝莓 20 粒，核桃仁、榛子仁各 15 克。

配料：百香果醋适量，橄榄油少许，盐 1 克。

🕐 **做法**

❶ 藜麦淘洗干净，装盘，送入蒸锅，上汽后小火蒸 25~30 分钟；苦苣择洗干净，切寸段；生菜择洗干净，掰成小片；黄瓜去蒂，洗净，切圆形薄片；小番茄洗净，去蒂，对半切开；蓝莓洗净；炒锅不放油烧热，放入核桃仁、榛子仁焙香。

❷ 把处理好的所有蔬菜、水果和坚果放入沙拉碗中，放上蒸好的藜麦，加盐、百香果醋、橄榄油拌匀即可。

营养
贴士　　这道沙拉含有碳水化合物、维生素、蛋白质、脂肪等，食物种类多样，营养较为全面且均衡。

🍲 烹饪秘笈

用水果醋拌果蔬沙拉，比陈醋或米醋的风味更佳。

水煮豆腐皮

吃得连汤都不剩

- 主料：豆腐皮 200 克，小白菜 100 克。
- 配料：干朝天椒 3 个，花椒粒、姜末、葱末、蒜末、香菜段各适量，火锅底料（辣）15 克，生抽、鸡精、植物油各少许。

做法

❶ 豆腐皮洗净，切条，焯水；小白菜择洗干净，切寸段，焯水，码放在大碗中；干朝天椒剪成段。

❷ 炒锅烧热，倒入植物油，炒香朝天椒和花椒，再爆香葱、姜末，放入火锅底料和郫县豆瓣酱炒出红油，加生抽和适量清水大火煮开，下入豆腐皮小火煮 3~5 分钟，加鸡精调味。

❸ 将豆腐皮盛入装有小白菜的碗中，倒入适量锅中的汤汁，碗中放上香菜段、蒜末，泼上热油即可。

营养贴士

吃辣味食物时配些醋，能防止上火。

烹饪秘笈

最后一步的热油宜泼在香菜段和蒜末上，把其香味激发出来。

橄榄菜蒸豆腐

🎃 咸香嫩滑

🍳 **主料**：南豆腐 1 盒（约 380），橄榄菜 15 克。

配料：姜末、葱花、辣椒粉各适量，鲜味酱油、植物油各少许。

🕐 **做法**

❶ 取小碗，放入橄榄菜、姜末拌匀。

❷ 豆腐切成等大的方形块，码放在盘中，在每块豆腐上面放适量拌好的橄榄菜，送入蒸锅，上汽后用中火蒸 10 分钟，取出，淋入鲜味酱油，撒上辣椒粉、葱花，浇上烧热的植物油即可。

营养贴士　　橄榄菜的主要原料是青橄榄和芥菜，但盐含量往往较高，吃时要控制摄入量。

🍲 **烹饪秘笈**

蒸制这道菜不宜用太嫩的内酯豆腐。

主料：樱桃小萝卜300克。

配料：蒜末、香菜碎各适量，熟白芝麻5克，米醋50毫升，白糖30克，辣椒油、鲜味酱油、盐各少许。

糖醋樱桃小萝卜

酸甜爽脆，解油腻

做法

1. 樱桃小萝卜洗净，切去头、尾，切连刀片（即切片，但底部不切断），放入大碗中，加盐抓匀，腌渍15分钟，可清水冲洗一下，沥干水分。

2. 取小碗，放入蒜末、鲜味酱油、米醋、白糖、辣椒油、香菜碎、白芝麻拌匀，调成味汁，倒入切好的樱桃小萝卜中拌匀，腌渍1小时后即可食用。

营养贴士

樱桃小萝卜有祛痰、消积、定喘、利尿、止泻等功效。

🥘 烹饪秘笈

樱桃小萝卜先用盐腌渍一下，能去除涩味，吃起来味道更好。

爽口桔梗丝

香辣开胃

🌙 **主料**：鲜桔梗 100 克，雪梨 1/2 个。

配料：香葱 2 棵，蒜蓉辣酱 10 克，白糖 5 克，香油少许。

🕐 **做法**

❶ 桔梗洗净，去皮，切成细丝，加盐拌匀，腌渍 30 分钟，冲洗一下，攥干水分；雪梨洗净，去蒂、果核，切丝；香葱择洗干净，切寸段。

❷ 将处理好的桔梗丝放入大碗中，加梨丝、香葱段、蒜蓉辣酱、白糖、香油拌匀即可。

（营养贴士）　桔梗有祛痰、镇咳、平喘的作用。

🍲 **烹饪秘笈**

桔梗有淡淡的苦味，加盐腌渍后冲洗一下能减淡苦味。

三杯豆腐

咸中带鲜，口感柔韧

主料：北豆腐 300 克，罗勒叶 50 克，红尖椒 1/2 个。

配料：姜片、白糖、米酒各适量，盐、鲜味酱油、植物油各少许。

🕐 做法

❶ 豆腐洗净，切成不太厚的方形片；罗勒叶择洗干净；红尖椒洗净，去蒂、籽，切小丁。

❷ 锅置火上烧热，倒入植物油，放入豆腐逐片煎一下，盛出；用原锅中的底油炒香姜片，放入红椒丁、煎豆腐翻炒均匀，加少许清水、鲜味酱油、米酒、白糖、盐，烧至略微收干，放入罗勒叶快速翻炒几下即可。

营养贴士 　　罗勒叶是唇形科植物罗勒的叶，有疏风行气、化食消积、活血解毒的功效。

🍲 烹饪秘笈

豆腐不能切得太薄，以免煎制时弄破或变形。

黑胡椒素肉排

每天都想吃

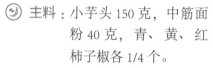

主料：小芋头 150 克，中筋面粉 40 克，青、黄、红柿子椒各 1/4 个。

配料：姜末、水淀粉各适量，盐、鲜味酱油、植物油各少许。

🕐 **做法**

❶ 青、黄、红柿子椒洗净，去蒂、籽，切成小丁；小芋头洗净，蒸熟，去皮，压成泥，加入中筋面粉和 30 毫升清水拌匀，分成三份，用手团圆，擀成不太薄的片，用少许油煎熟，装盘。

❷ 炒锅烧热，倒入植物油，炒香姜末，放入青、黄、红柿子椒丁翻炒至断生，淋入少许清水，加盐和鲜味酱油调味，用水淀粉勾薄芡，淋在盘中的素肉排上即可。

营养贴士 芋头含有一种黏液蛋白及丰富的黏液皂素，可增进食欲，帮助消化。

🍲 **烹饪秘笈**

对生芋头汁过敏者，应在去皮、清洗生芋头时戴上手套。

咖喱双花

零厨艺也能烹出的美味

主料：西兰花 200 克，菜花 200 克。
配料：咖喱块 1 块（约 40 克）、植物油少许。

做法

❶ 西兰花、菜花分别择洗干净，掰成小朵，焯水后备用。

❷ 炒锅烧热，倒入植物油，放入咖喱块，加入适量水融化咖喱块并煮至咖喱酱汁浓稠，加入焯好的西兰花和菜花翻炒均匀即可。

营养贴士　　西兰花、菜花所富含的维生素 C 可以提高植物性食物（比如谷类、蔬菜和水果）中铁的吸收率。

烹饪秘笈

西兰花和菜花的焯水时间不可过长，以保持其脆爽的口感。

花样主食

　　用素食制作主食，完全没压力，而且还可以做出很多花样，没有肉参与的主食更健康，料理起来也更方便、快捷，最重要的是依然可以吃出熟悉的好味道！

主食制作的技巧

为米饭增香的诀窍

加醋　如果在蒸米饭时按 200：7 的比例放些米醋，可使米饭易于存放，不仅蒸出来的米饭不会有醋酸味，反而饭香更加浓郁。剩米饭隔夜后热热吃，也会像新蒸的一样好吃。

加油　陈米不如新米香，但只要在蒸米饭时放上少许植物油，就可以让陈米米饭洁白光滑、柔软香甜，同新米一样好吃。

加茶水　用茶水做米饭能够去腻、增香，还具有保健功效，非常适合中老年人食用。

如何鉴别发酵面团的发酵程度

发酵正常：用手按面团感觉有弹性，面团手感柔软、光滑，拍打时有"嘭嘭"的响声，切开面团，其剖面会有许多均匀的扁圆形小孔洞，闻着有点儿酒香气味和酸味。

发酵不足：面团体积膨胀不明显，用手按面团感觉弹性较差、硬板，切开面团其剖面孔洞少或没有孔洞，闻时只有面香味或轻微酒香味，没有酸味。

发酵过度：面团酸味较重，筋力差，似豆腐渣，切开面团，其剖面孔洞多而密。

做炒饭的技巧

做炒饭需要选择隔夜的米饭，不但容易炒，而且容易炒出粒粒分明的状态。炒饭的时候要注意，食材不易熟的需要提前炒一下，将其炒熟之后再倒入米饭中一起翻炒。

烙饼的要领

烙饼最怕的就是长时间在锅里不动，这样易煳还不容易熟，烙饼需要不停地翻动，让正、反面均和锅面充分接触，这样饼容易熟、不煳，也比较好吃。

如何让面条更好吃

最好现吃现煮。煮好的面条捞出后，如果不马上食用，可拌入香油，以防粘连。带汤的面条最好立即食用，以免在汤中浸泡太久吸入过多的汤汁而变得膨胀。

冷、热水交替煮面。用冷、热水交替煮沸的方法来煮面条，可以使面条口感软而筋道，并且不会过度黏糊。

加水次数和煮制时间。添加冷水的次数和煮面条的时间应根据面条的厚薄、粗细和个人喜好而定。通常，宽、厚的面条煮3~4分钟，细、薄的面条煮约2分钟。

如何熬出一锅好粥

锅内先放入足量的清水，烧开后倒入淘好的大米，这样米粒内外温度不同，表面会迅速出现许多细微的裂纹，米粒容易开花出淀粉质。米下锅后，要先用大火加热使水煮沸，然后改用小火熬煮，使锅内保持沸滚而不使米粒、米汤外溢。小火熬煮可以加速米粒、锅壁、汤水之间的摩擦、碰撞，米粒中的淀粉不断溶于水中，粥就会变得黏稠。

时蔬咖喱饭

难以割舍的味道

🍽 主料：米饭 1 碗，口蘑 5 朵，胡萝卜 50 克，土豆 1 个，洋葱 1/2 个。

配料：咖喱块 40 克，植物油适量。

🕐 做法

❶ 洋葱去蒂，撕掉外皮，洗净，切块；口蘑洗净，对半切开；胡萝卜去蒂，洗净，切滚刀块；土豆去皮，洗净，切滚刀块；米饭倒扣在盘中。

❷ 热锅冷油，放入洋葱炒至微焦，加入土豆、胡萝卜、口蘑翻炒，加水没过食材，大火煮开，转小火煮 20 分钟。

❸ 烧煮至土豆变软，放入咖喱块再煮 5 分钟，煮至咖喱微微浓稠，关火，盛放在米饭旁边即可。

营养贴士　咖喱的主要成分是姜黄粉，能促进胃液的分泌，增加肠胃蠕动，有助于增强食欲。

🍲 烹饪秘笈

想要洋葱充分发挥它的风味，一定要用小火耐心将洋葱炒至微微焦的状态。

蔬菜饭团

米饭也要吃出仪式感

☺ **主料**：熟米饭 100 克，嫩豌豆粒 20 克，甜玉米粒 20 克，胡萝卜 1/2 根。

配料：盐、鲜味酱油、香油各少许。

🕐 **做法**

❶ 豌豆粒、玉米粒洗净；胡萝卜去蒂，洗净，切小丁。

❷ 汤锅中放适量清水烧开，放入豌豆粒、玉米粒、胡萝卜丁焯熟，捞出，沥干水分，放入熟米饭中，加盐、鲜味酱油、香油拌匀，取适量放入饭团模具中压出饭团即可。

（营养贴士）　豌豆中的蛋白质不仅营养价值高，而且质量好，经常食用对孩子的生长发育大有益处。

🍲 **烹饪秘笈**

● 做饭团的米饭，既可以用现蒸的温热米饭，也可以用凉的剩米饭。

● 制作饭团的食材，没有固定模式，可以根据自己的喜好和口味，任意替换或是增减。

149

咖喱土豆盖浇面

浓郁咖喱香

😋 **主料**：挂面 150 克,土豆 1 个,胡萝卜 1/2 根,青椒 1 个,咖喱块。
配料：葱花适量, 植物油少许。

🕐 **做法**

❶ 土豆去皮, 洗净, 切滚刀块;胡萝卜去蒂, 洗净, 切滚刀块;
青椒洗净, 去蒂、籽, 切小块。

❷ 炒锅置火上, 倒入植物油, 炒香葱花, 放入土豆块和胡萝
卜块翻炒均匀,加没过锅中食材一半的清水, 烧至土豆熟软,
加咖喱块煮至汤汁浓稠, 放入青椒炒匀后即可出锅。

❸ 挂面下入沸水中煮熟, 捞入大碗中, 浇上炒好的咖喱土豆
即可。

（营养贴士）　　咖喱中所含的营养成分非常有益肝脏健康。研究发现,
咖喱中的姜黄素能够延缓非酒精性脂肪肝以及其他肝病对
人体造成的伤害。

🍲 **烹饪秘笈**
青椒易熟, 宜最后放, 炒制时间长了不好吃。

韭菜蛋饼

鲜香味美

🍳 **主料**：面粉 50 克，韭菜 50 克，鸡蛋 1 个。

配料：盐2克，植物油少许。

🕐 **做法**

❶ 韭菜择洗干净，切碎，装入大碗中，磕入鸡蛋，放入面粉和 150 毫升清水搅拌均匀，加盐调味。

❷ 平底锅烧热，刷上少许植物油，倒入面糊，轻晃锅身让面糊均匀地摊平在锅底，待一面煎至定型，翻另一面煎熟即可。

（营养贴士）　韭菜性温味辛，能补肾温阳、益肝健脾，但是其性偏温热，阴虚内热者不宜食用。

👉 烹饪秘笈

煎的时候要用小火慢慢煎，不然外表煳了里面还没熟！

菠菜鸡蛋肠粉

晶莹剔透，Q弹味儿鲜

主料：肠粉专用粉 100 克，菠菜 100 克，鸡蛋 1 个。

配料：蒜末、香菜末、葱花各适量，植物油、鲜味酱油、香油各少许。

做法

❶ 菠菜择洗干净，焯水，过凉，攥去水分，切碎；鸡蛋磕入碗中，打散；肠粉专用粉中加 250 毫升清水搅拌成粉浆。

❷ 取蒸盘，刷上少许植物油，舀入一勺粉浆，淋入适量鸡蛋液，放上一些菠菜碎，送入蒸锅隔水蒸，上汽后蒸 2~3 分钟，取出，用刮板将肠粉刮下来，放在盘中，按此方法将粉浆都蒸制成肠粉，撒上蒜末、香菜末、葱花，淋上鲜味酱油和香油即可。

营养贴士

菠菜的草酸含量高，食用后会和体内的钙结合形成无法被人体吸收的草酸钙。而用水焯一下，可大大降低草酸的含量。

烹饪秘笈

粉浆放置一会就会沉淀，舀入蒸盘前需将粉浆搅匀。

油泼面

吃两碗没问题

😋 主料：宽条挂面 150 克，油
　　　菜 2 棵，干朝天椒 3 个，
　　　香葱 1 棵。

　　配料：盐、鲜味酱油、植物
　　　油各适量。

🕐 做法

❶ 油菜择洗干净；干朝天椒
　剪碎；香葱择洗干净，切
　成葱花。

❷ 汤锅置火上，倒入适量清
　水烧开，下入宽条挂面煮
　熟，捞入碗中；再把汤锅
　中煮面的水烧开，把油菜
　焯烫一下，放在面条上，
　再放上朝天椒碎、葱花、
　盐、鲜味酱油。

❸ 炒锅置火上，倒入植物油
　烧至轻微冒烟，泼在碗中
　的朝天椒碎和葱花上，拌
　匀后即可食用。

营养贴士　　　　油菜是低脂蔬菜，其富含的膳食纤维能宽肠通便、缓解便秘，可预防肠道肿瘤，同时有很好的降低血脂的作用。

🍲 烹饪秘笈

● 面条的软硬程度根据自己的口感喜好来把握即可。

● 拌面的碗要大一些，拌起面来更顺手。

煎馒头片

外焦里软

🥢 **主料**：刀切馒头 3 个。

配料：植物油 35 克，椒盐少许。

🕐 **做法**

❶ 馒头切成厚约 1 厘米的片。

❷ 平底锅烧热，倒入植物油，放入馒头片用中火煎至两面色泽金黄，摆盘，撒上椒盐即可。

营养贴士
　　酵母馒头是在和面的时候添加了酵母菌。添加酵母菌发酵后的面团做成馒头后，里面的 B 族维生素和氨基酸的含量会有所增加，馒头的营养价值也有所提高，从而提高人体对营养成分的吸收和利用。

🍲 **烹饪秘笈**

　　中火更易于把馒头片煎脆，火大容易煎煳，火太小煎不脆。

咸蛋黄山药粥

咸香好味道

☺ 主料：大米 50 克，燕麦米 20 克，山药 100 克，咸鸭蛋 3 个。

🕐 做法

❶ 大米淘洗干净；燕麦米淘洗干净，用清水浸泡 1 小时；山药洗净，去皮，切小块；咸鸭蛋煮熟，取鸭蛋黄用勺背压碎。

❷ 大米、燕麦米和山药块放入汤锅中，加 900 毫升清水，大火烧开后转小火煮至米粒熟烂，加咸蛋黄煮开即可。

（营养贴士）　燕麦能起到辅助控制血糖的作用，因为食用燕麦后血糖上升速度较慢，有利于提高胰岛素敏感性。

🍲 烹饪秘笈

　也可以将鸭蛋白切碎后放入粥中调味，不宜多放以免口味过咸。

拌素馅馄饨

好吃到没话说

- 🥢 **主料**：素馅馄饨 200 克。

  配料：小米辣 2 个，油炸花生米 20 克，葱末、蒜末、香菜碎各适量，花椒油、鲜味酱油各少许。

- 🕐 **做法**

  ❶ 油炸花生米去皮，擀碎；小米辣洗净，切碎；取小碗，加葱末、蒜末、香菜碎、花椒油、小米辣、花生碎、鲜味酱油拌匀，制成调味料。

  ❷ 素馅馄饨下入沸水中煮熟，捞入盘中，加调味料拌匀即可。

  （营养贴士）　给宝宝和老人做馄饨要包得小一点儿，馄饨皮宜薄而劲道，并且尽量煮得熟烂一些，这样利于消化。

  🥘 **烹饪秘笈**

  拌馄饨的调料可根据自己的口味和喜好自由调整。

家常炒米粉

爽滑可口

主料：干米粉 50 克，圆白菜 1/4 个，鸡蛋 1 个。

配料：姜末适量,植物油、盐、鲜味酱油各少许。

做法

❶ 米粉用清水泡软；圆白菜择洗干净，切丝；鸡蛋磕入碗中，打散；平底锅刷上一层油，淋入蛋液煎成薄蛋皮，盛出，切丝。

❷ 炒锅烧热，倒入植物油，炒香姜末，放入圆白菜炒至断生，下米粉中火快速翻炒均匀，加盐和鲜味酱油调味，下蛋皮丝炒匀即可。

营养贴士 圆白菜含有的萝卜硫素是异硫氰酸盐的一种，有抑制癌细胞的作用，能降低人体罹患癌症的概率。

烹饪秘笈

米粉入锅后宜用中火快速翻炒，以防米粉黏结成团。

家常炒饼

香气十足

🍴 **主料**：烙饼 150 克，圆白菜 30 克，红尖椒 1/2 个，韭菜 30 克，绿豆芽 30 克。

配料：姜末、蒜末各适量，植物油、盐、鲜味酱油各少许。

🕐 **做法**

❶烙饼切成细丝；圆白菜择洗干净，切丝；韭菜择洗干净，切寸段；红尖椒洗净，去蒂、籽，切丝；绿豆芽洗净。

❷炒锅烧热，倒入植物油，炒香姜末，放入圆白菜和豆芽翻炒至断生，下饼丝翻炒 2~3 分钟，再下韭菜和红椒丝翻炒 2~3 分钟，加盐、蒜末、鲜味酱油调味即可。

> **营养贴士**　　绿豆芽性偏寒凉，烹调时加点儿姜丝或椒丝，或与作用偏温的香菜、韭黄等同炒，可中和它的寒性。

🍲 **烹饪秘笈**

● 最好用凉透的饼来做，热饼很容易粘锅。

● 炒饼的过程中不要添加水。

三丝炒年糕

滑嫩爽口

🍐 **主料**：手指年糕 150 克，胡萝卜 1/2 根，芹菜 100 克，熏干 50 克。

配料：姜末适量，盐、鲜味酱油、植物油各少许。

🕐 **做法**

1. 胡萝卜去蒂，洗净，切条；熏干洗净，切条；芹菜去根和叶，洗净，焯水，切寸段；手指年糕用沸水煮软，过凉开水。

2. 炒锅置火上，倒入植物油，炒香姜末，放入胡萝卜和熏干翻炒 3~5 分钟，下年糕和芹菜段翻炒一会儿，加盐和鲜味酱油调味即可。

（营养贴士）年糕口感较黏，不易消化。老人和孩子的消化系统较弱，食用时一定注意要细嚼慢咽，不要吃得太快。

🍲 **烹饪秘笈**

煮软的年糕入锅后要不停地翻炒，以免粘锅。

番茄鸡蛋疙瘩汤

软滑筋道

☺ **主料**：面粉 100 克，番茄 1 个，鸡蛋 1 个，小油菜 2 棵。

配料：葱花适量，盐、植物油各少许。

🕐 **做法**

❶ 番茄洗净，去皮、蒂，切小丁；鸡蛋磕入碗中，打散；油菜择洗干净，切小段。

❷ 面粉倒入大碗中，放到呈滴水状态的水龙头下面，用筷子快速搅拌，搅成小絮状的面疙瘩。

❸ 锅置火上烧热，倒入植物油，炒香葱花，放入番茄翻炒均匀，加 1000 毫升清水烧开，下面疙瘩煮至熟软，加油菜煮至变色，淋入鸡蛋液，加盐调味即可。

营养贴士　　疙瘩汤使面粉中的多种营养素保存在汤中，能很好地避免面粉中营养的损失。

🍲 **烹饪秘笈**

面疙瘩不要一下子都倒进锅里，很容易坨成一坨，要用筷子一点点拨入锅中，迅速用勺子搅散。

主料：挂面 100 克，茼蒿 50 克，煮鸡蛋 1 个。

配料：蒜末、香葱、香菜、白芝麻、陈醋各适量，盐、辣椒面、鲜味酱油、植物油各少许。

酸汤面

酸辣开胃，一吃就上瘾

做法

❶ 香葱、香菜分别择洗干净，切碎；茼蒿择洗干净；煮鸡蛋剥去蛋壳，对半切开。

❷ 取大碗，放入白芝麻、辣椒面和蒜末、葱碎，浇上热油，搅拌均匀，加盐、鲜味酱油、醋拌匀，面条和茼蒿下入沸水中煮熟，捞入碗中，加适量煮面的汤，放上煮鸡蛋和香菜碎即可。

营养贴士

　　茼蒿含有多种挥发性物质，它们所散发的特殊香味能促进唾液的分泌，增强食欲，消食开胃。

烹饪秘笈

　　煮面条时加入几滴油能防止面条潽锅。

尖椒鸡蛋炒面

干香劲道又入味

🌙 **主料**：机制面条 150 克，尖椒 1 个，鸡蛋 1 个。

　　配料：葱花、蒜末各适量，盐、鲜味酱油、植物油各少许。

🕐 **做法**

❶ 尖椒洗净，去蒂、籽，切丝；鸡蛋磕入碗中打散；面条用
　 沸水煮熟，过凉，备用。

❷ 炒锅烧热，倒入植物油，淋入鸡蛋液炒熟，盛出；用锅中
　 底油炒香葱花，放入尖椒丝略微翻炒，下入面条和鸡蛋，
　 加盐、蒜末和鲜味酱油快速翻炒均匀即可出锅。

营养
贴士　　　新鲜的尖椒富含维生素 C，具有抗氧化的功效。饮食
　　　中搭配些尖椒，可促进唾液分泌，促进消化。

🍲 **烹饪秘笈**

　　面条煮熟后过凉，这样炒出来的面条口感更加劲道。

西葫芦软饼

忘不了的味道

🙂 主料：面粉 50 克，小西葫芦 1 个，鸡蛋 1 个。
配料：花椒粉适量，盐、植物油各少许。

🕐 做法

❶ 西葫芦去蒂，洗净，擦成细丝，磕入鸡蛋，加面粉、盐、花椒粉拌匀。

❷ 平底锅烧热，刷上一层植物油，舀入一勺拌好的面糊，让面糊均匀地铺满锅底，小火煎至一面定型后，翻面，将另一面煎熟且色泽金黄即可。

营养贴士　　西葫芦含有一种叫作葫芦素的四环三萜类化合物，体外实验和动物实验表明，这类物质可抑制胃癌细胞、乳腺癌细胞等癌细胞的增殖。

🍳 烹饪秘笈

加点儿花椒粉调味，能让饼的味道更香。

蒜香吐司

好吃到爱不释手

☺ 主料：吐司 3 片，大蒜半头，香葱 2 棵。

配料：植物油适量，盐少许。

🕐 做法

❶ 每片吐司切成 4 小块；大蒜去皮，洗净，剁碎；香葱择洗干净，切碎。

❷ 取小碗，放入大蒜碎、香葱碎、盐和植物油拌匀，取适量均匀涂抹在每片吐司上，将吐司码放在烤盘中，放入烤箱中层，用 180 摄氏度烤 10 分钟，取出，凉至口感酥脆时即可食用。

营养贴士　　大蒜可改善因肾气不足而引发的浑身无力症状。

🍲 烹饪秘笈

烤制的温度和时间仅供参考，请根据自家烤箱的实际情况调节适合的温度和时间。

红枣窝窝头

暄软香甜枣味儿浓

☺ **主料**：玉米面 150 克，普通面粉 40 克，红枣 6~8 个。

配料：酵母粉 2 克，白糖适量。

🕐 **做法**

❶ 红枣洗净，去核，切碎；玉米面和普通面粉混合均匀，放入切碎的红枣；取小碗，放入白糖、酵母粉和 120 毫升清水搅拌均匀，淋入玉米面和普通面粉中搅拌成面团，放在温暖的地方发酵 1 小时。

❷ 双手沾水，将发酵好的面团做成窝头形状，送入蒸锅，静置 15 分钟，上汽后用中火蒸 12 分钟即可。

⟨营养贴士⟩ 中等大小的红枣，一次食用最好别超过 15 个，过量食用有损消化功能，易引起胃酸过多和腹胀。

🍲 **烹饪秘笈**

也可以将 120 毫升清水换成纯牛奶。

芹菜意面

完美解决不爱吃
蔬菜的困扰

主料：意大利面 150 克，
芹菜 60 克。

配料：大蒜 5 瓣，牛奶、
黑胡椒碎各适量，
盐、橄榄油各少许。

做法

❶ 意大利面放入沸水中
煮熟；蒜瓣去皮，洗净，
切片；芹菜去根，洗净，
带叶切小段，放入料
理机中，加入牛奶，打
成汁。

❷ 锅烧热，倒入橄榄油，
炒香蒜片，淋入芹菜
牛奶汁，加入煮好的
意大利面，撒上盐和
黑胡椒碎，翻炒至汤
汁收干即可。

营养
贴士　　芹菜含有芹菜素，芹菜素有一定的降压、降脂等作用。

烹饪秘笈
芹菜不焯水直接加牛奶搅打，可保持鲜绿的颜色。

蘑菇三明治

不一样的三明治

☺ **主料**：吐司 2 片，口蘑 5 个，鸡蛋 1 个。
　　配料：黑胡椒碎适量，橄榄油、盐各少许。

🕐 **做法**

❶ 口蘑洗净，切薄片；鸡蛋磕入碗中，打散，加盐调味。

❷ 平底锅烧热，倒入橄榄油，放入口蘑片用小火翻炒 2 分钟，淋入蛋液，快速滑炒至蛋液凝固，出锅前撒上黑胡椒碎。

❸ 取一片吐司，放上炒好的口蘑鸡蛋，盖上另一片吐司，对半切开即可。

> 营养贴士
>
> 　　口蘑具有极强的矿物元素聚集能力，且富含膳食纤维，具有防便秘、提高免疫力、保护肝脏、降脂减肥的作用。

🍲 **烹饪秘笈**

　　口蘑也可以换成自己喜欢的蘑菇，不管选用哪种蘑菇，都应选鲜的，不宜选用需要泡发的干蘑菇。

番茄焖饭

打开锅盖香喷喷

🥄 主料：大米 80 克，番茄 1 个，嫩豌豆粒适量，胡萝卜 1/2 根，香菇 3 朵。

配料：洋葱丁适量，鲜味酱油、香油各少许。

🕐 做法

❶ 番茄洗净，去皮、蒂；豌豆粒洗净；胡萝卜去蒂，洗净，切小丁；香菇去蒂，洗净，切小丁。

❷ 大米淘洗干净，放入电饭锅中，加入和平时蒸饭一样多的水，均匀地放上豌豆粒、胡萝卜丁、香菇丁、洋葱丁，将番茄摆放在中间，按下蒸饭键蒸至提示米饭蒸好，开盖，将番茄用勺子压碎，将锅中食材搅拌均匀，加鲜味酱油、香油拌匀，盖上锅盖再焖 5 分钟即可。

营养贴士　番茄含有的番茄红素有助于抵抗心脏病和多种癌症。红色且熟透了的番茄番茄红素的含量高。

🍲 烹饪秘笈

番茄用热水烫一下就很容易去皮了。

咖喱炒饭

看着就有食欲

🌀 **主料**：隔夜的蒸米饭 100 克，鸡蛋 1 个，胡萝卜 1/2 根，嫩豌豆粒 20 克，甜玉米粒 20 克。

配料：咖喱粉适量，盐、植物油各少许。

🕐 **做法**

❶ 鸡蛋磕入碗中，打散；胡萝卜去蒂，洗净，切小丁；豌豆粒、甜玉米粒分别洗净；胡萝卜、豌豆粒、玉米粒用沸水焯熟，备用。

❷ 炒锅烧热，倒入植物油，淋入鸡蛋液炒熟，盛出；原锅留底油将咖喱粉炒出香味，放入焯好的胡萝卜、豌豆粒、玉米粒翻炒均匀，倒入米饭炒散，加盐调味，放入炒好的鸡蛋翻炒均匀即可。

（营养贴士） 咖喱能促进血液循环，起到发汗、祛湿的作用。

🍲 **烹饪秘笈**

咖喱粉有种中药的味道，很多人接受不了，用热油炒一下味道会好很多。

小白菜年糕汤

暖暖的味道

🥄 **主料**：年糕150克，小白菜100克，香菇3朵。

配料：葱花、姜片各适量，植物油、盐、鸡精各少许。

🕐 **做法**

❶ 年糕切薄片；小白菜择洗干净，切寸段；香菇去蒂，洗净，焯水，切片。

❷ 锅置火上，倒入植物油，炒香葱花、姜片，放入香菇翻炒均匀，加适量清水烧开，加年糕片煮5分钟，再加小白菜煮2分钟，放入盐和鸡精调味即可。

> **营养贴士**
>
> 小白菜富含维生素 B_1、B_6、泛酸等营养成分，具有缓解压力的作用，常吃有助于保持心态平和。

🍲 **烹饪秘笈**

● 宜选能炒着吃的比较硬但有弹性的那种年糕。

● 摘掉的香菇蒂可以切成小丁后加豆瓣酱做成香菇酱，拌面条或佐餐食用都不错。

懒人拌饭

太馋人了

🥄 **主料**：蒸米饭 150 克，鸡蛋 1 个，圆白菜 30 克，胡萝卜、黄瓜各 1/2 根，香菇 3 朵，黄豆芽 20 克。

配料：拌饭酱适量。

🕐 **做法**

❶ 圆白菜择洗干净，切细丝；胡萝卜去蒂，洗净，切丝；黄瓜去蒂，洗净，切丝；香菇去蒂，洗净，切片；黄豆芽择洗干净。

❷ 圆白菜、胡萝卜、香菇、黄豆芽用沸水焯熟，沥干水分；鸡蛋用热油煎熟。

❸ 米饭盛入大碗中，加拌饭酱、黄瓜丝和焯好的圆白菜、胡萝卜、香菇、黄豆芽拌匀，放上煎鸡蛋即可。

（营养贴士）　　黄豆芽所含的胡萝卜素比黄豆要增加 1~2 倍，维生素 B_2 可增加 2~4 倍，而维生素 B_{12} 竟是黄豆的 10 倍左右，还含有丰富的维生素 C、维生素 E、氨基酸和矿物质。

🍳 **烹饪秘笈**

鸡蛋可以煎到半熟，也可以煎至全熟。

解馋小零食

素食也能做出美味的解馋小零食，这些纯天然的手作小零食，没有任何人工添加物，食材选择更加健康，做法简便易操作。赶紧做起来吧，体会亲手制作零食的乐趣！

零食怎么吃才健康

吃零食的根本原则

吃零食不要妨碍正餐

既然叫零食，就不能多吃，只能作为正餐必要的营养补充。零食吃多了会产生饱腹感，正餐时就会没食欲，可过了一段时间，又会产生饥饿感，但正餐已过，于是又大量吃零食。时间久了，消化功能就会发生紊乱，必然影响身体健康。吃零食与吃正餐之间至少要相隔两小时，且量不宜过多，以不影响正餐食欲和食量为原则。

少吃油炸、过甜、过咸的食物

油炸和过甜的食物热量较高且富含脂肪，会增加肥胖的风险，而咸味过重的零食会增加患高血压的风险。

宜选择新鲜、天然、易消化的食物

选择零食不要只凭个人的口味与喜好，营养价值及有利于健康才是首选。奶类、蔬果类，还有坚果类，都是比较营养、健康的零食。

健康吃零食避开这三个时间

看电视、玩电脑或是看电影时

此时，有趣的画面、情节等往往会吸引人的注意，会不知不觉地吃进去过多的零食，导致热量摄入过剩。

饭后

饱餐之后不要再吃零食，特别是晚上。如果吃零食的量比较大，应当减少正餐的数量，控制好食物总量，以避免肥胖。

睡前

睡前吃零食会导致摄入的热量无法通过运动来消耗，增加肥胖的风险。另外，如果吃完零食不刷牙就睡觉，还会腐蚀牙齿，增加患龋齿的风险。

推荐零食种类

	营养特点	食用频率	零食举例
可经常食用	低盐、低糖、低脂	每天都可适当食用	奶及奶制品：牛奶、酸奶、奶粉等 新鲜蔬菜：番茄、黄瓜等 水果：苹果、梨、柑橘等 谷薯类：玉米、全麦面包、红薯、土豆等 蛋类：鸡蛋、鹌鹑蛋 原味坚果：瓜子、核桃、榛子等 豆制品：豆浆、豆腐干等
限制食用	高盐、高糖、高脂	偶尔或尽量少吃	糖果、油炸食品、薯片、含糖饮料、盐渍食品、水果罐头、蜜饯等

资料来源：《中国居民膳食指南（2022）》

爆米花

 香脆微甜

🥄 主料：爆米花专用小玉米粒 100 克。

配料：植物油 1 汤匙，白砂糖适量。

🕐 做法

❶ 锅置小火上，倒入植物油加热至微微冒烟，放入玉米粒和白砂糖翻炒均匀。

❷ 盖上锅盖，轻晃锅身，待玉米粒全部爆裂成米花，关火，倒入盛器中晾凉至口感酥脆即可食用。

> （营养贴士）　玉米富含黄体素，摄取较高量的黄体素和玉米黄质，能降低患老年黄斑性病变的概率。

🍲 烹饪秘笈

全程保持小火，以免煳锅。

无油薯片

 戒不掉的味道

主料：土豆 200 克。
配料：盐 4 克。

做法

❶ 土豆去皮，洗净，切薄片，加盐拌匀，静置 10 分钟。用厨房纸巾擦干每片土豆片表面的水分，然后把土豆片平铺在盘子里。

❷ 将土豆片送入微波炉，用高火烤 2 分钟，取出，翻面，再用高火烤 2 分钟，取出晾凉变脆后食用即可。

营养贴士

土豆营养价值较高，维生素 C 的含量比较高，能与番茄相媲美；富含国人容易缺乏的维生素 B_1，维生素 B_2 含量也比大米高；富含钾元素，含量堪比香蕉；还含有膳食纤维和多酚类物质。

烹饪秘笈

土豆片切得薄一些，不但口感更脆，而且熟得会比较均匀。

驴打滚

🫑 **糯叽叽甜滋滋**

😋 **主料**：糯米粉 150 克。

配料：豆沙馅 150 克，熟黄豆粉 75 克，熟糯米粉 30 克。

🕐 **做法**

❶ 糯米粉加 180 毫升清水搅拌均匀，送入蒸锅，上汽后蒸 20 分钟。

❷ 案板上撒一层熟黄豆粉和适量熟糯米粉，再放上糯米粉团，擀成约 2 毫米的面片。

❸ 在面片上均匀地放上一层豆沙馅，撒上一层熟黄豆粉，将整张面片卷成卷，再撒上一些熟黄豆粉，切成宽约 2 厘米的段即可。

营养
贴士

糯米是一种温和的滋补品，能补血、补虚、健脾暖胃、止汗等，适用于脾胃虚寒所致的食欲减少、反胃、泄泻和气虚引起的气短无力、出虚汗等。

🍲 **烹饪秘笈**

蒸好的糯米粉团很黏，可撒一些熟糯米粉防粘。

糖烤栗子

🫑 **深秋里最香甜温暖的味道**

🙂 主料：栗子 250 克。
　　配料：细砂糖 10 克，
　　　　　植物油适量。

🕐 做法

❶ 栗子洗净，沥干水分，逐个在鼓起的一面划开一个口子，加植物油搅拌均匀，码放在烤盘中；细砂糖用少许温水化开。

❷ 将栗子送入烤箱中层，用 180 摄氏度烤 25 分钟至栗子皮裂开，取出，刷上糖水，送回烤箱继续烤 10 分钟至栗子肉熟软即可。

营养贴士　　　板栗富含钾、钙以及多种维生素，对维持神经系统健康，协助肌肉正常收缩以及维护心脑血管系统健康都有好处。

🍲 烹饪秘笈
　　选用个头儿不太大的栗子更容易烤熟。

自制辣条

太香了！吃美了！

主料：干腐竹 100 克。

配料：辣椒粉 5 克，花椒粉 2 克，盐 3 克，白糖 5 克，植物油适量。

做法

❶ 干腐竹用清水泡软，洗净，攥去水分，用厨房纸巾吸干表面的水分。

❷ 不粘锅置火上，倒入植物油烧至五成热，放入腐竹小火煎至表面色泽金黄，关火，加入辣椒粉、花椒粉、盐和白糖拌匀即可。

营养贴士

腐竹由豆浆加工而成，富含蛋白质，其谷氨酸的含量是其他豆制品的 2~5 倍，具有良好的健脑作用，其含有的磷脂还能降低血液中的胆固醇。

烹饪秘笈

腐竹一次不要煎太多，以免粘在一起，可以分几次煎好。

香蕉干

换种方式吃香蕉

😋 主料：香蕉 2 根。

🕐 做法

❶ 香蕉去皮，切成不太薄也不太厚的片。

❷ 烤盘铺上锡纸，码放上香蕉片，送入烤箱，用170摄氏度烤15分钟，翻面，用105摄氏度继续烤10分钟左右至口感变脆，取出，晾凉食用即可。

营养贴士　　香蕉含有的泛酸等成分是人体的"开心激素"，能减轻心理压力，缓和紧张情绪，提高工作效率，降低疲劳，解除忧郁。

🍲 烹饪秘笈

香蕉切好后应马上烤制，避免表面氧化变黑。

脆枣

嘎嘣脆

🥄 **主料**：红枣 250 克。

🕐 **做法**

　　红枣洗净，晾干水分，去掉枣核，放入烤盘中，送入烤箱，用 100 摄氏度烤 2 小时（中间翻动几次），取出，晾至口感酥脆即可食用。

（营养贴士）　　红枣性温味甘，能补益脾胃、健脾肾、养血宁神，可改善怕冷、手脚冰冷症，并能减轻烦躁与抑郁。

👉 **烹饪秘笈**

● 用粗一点的塑料吸管从红枣的一端穿过去，能轻松地去除枣核。

● 宜选用个头小的红枣，更容易烤脆。

缤纷水果茶
一口倾心

🥄 **主料**：红茶包 2 包，苹果 1/2 个，菠萝肉 100 克，猕猴桃 1 个，橙子 1/2 个。

配料：柠檬 1/4 个，蜂蜜 1 汤匙。

🕐 **做法**

❶ 苹果洗净，去皮、核，切小块；菠萝肉切小块；猕猴桃、橙子分别洗净，去皮，切小块；柠檬洗净，切片。

❷ 将上述切好的水果一同放入大杯中，再放入红茶包，倒入 1000 毫升的热水，浸泡 5 分钟后取出红茶包，待水果茶凉至温热，加蜂蜜调味即可。

营养贴士 红茶有养胃暖胃的功效，很适合胃病患者（如胃溃疡、慢性胃炎等患者）饮用。

🍲 **烹饪秘笈**

红茶不宜多放，以免掩盖了水果的香味。

榛果巧克力

入口丝滑香味浓

🥄 **主料**：黑巧克力 200 克。

配料：榛子仁 100 克。

🕐 **做法**

❶ 炒锅不放油烧热，放入榛子仁焙香，晾凉，擀碎。

❷ 巧克力掰碎，放入大碗中，再将碗放入 50 摄氏度的温水里，搅拌至巧克力融化，加榛子仁碎搅拌均匀，晾至不太热时倒入糖果模具中，再送进冰箱冷藏 40 分钟，取出，脱模即可。

营养
贴士

　　黑巧克力中含有的可可黄烷醇是一种具有抗氧化作用的类黄酮物质，有助于降低血压、血脂，减少心血管疾病与老年记忆退化的风险。

🍲 **烹饪秘笈**

　　纯度越高的黑巧克力味道越好，宜选可可脂含量高于 60% 的纯黑巧克力。

香蕉燕麦条

解馋又顶饿

 主料：香蕉 2 根，即食
燕麦片 150 克。

配料：蔓越莓干、葡萄
干各 10 克，蜂蜜
适量。

做法

❶ 香蕉去皮，用勺背将
果肉压成泥，加入燕
麦片、蔓越莓干、葡
萄干、蜂蜜拌匀。

❷ 在烤盘内铺一张烘焙
纸，放入搅拌好的燕
麦，用勺背压紧实且
铺满整个烤盘，送入
烤箱中层，用 180 摄
氏度烤 25 分钟，取出，
晾凉后切成条，吃不
完的密闭保存即可。

营养
贴士　　　食用燕麦后易产生饱腹感，延缓胃肠的排空时间，能
在一定程度上预防肥胖。

烹饪秘笈

香蕉宜选比较熟软的，不仅口感更甜，而且更容易压成泥。

非油炸薯条

外脆里嫩超满足

🌙 主料：大土豆 1 个。

配料：橄榄油、番茄酱各适量。

🕐 做法

❶ 土豆去皮，洗净，切成细条，放入沸水中煮 3 分钟，捞出，用厨房纸巾擦干表面的水分，加橄榄油拌匀，送入冰箱冷冻至坚硬。

❷ 将冻硬的土豆条码放在空气炸锅中，180 摄氏度烤 10 分钟，翻面，继续烤 10 分钟左右至熟透且色泽金黄，取出晾至温热，蘸番茄酱食用即可。

营养贴士　　番茄酱中膳食纤维的含量是番茄的 4 倍，维生素 E 是番茄的 8 倍。番茄做成酱后，番茄红素的含量也提高了很多。因此，番茄酱浓缩了番茄的精华。

🍲 烹饪秘笈

土豆条不宜在沸水中久煮，这样能保持较好的形状。

冰糖葫芦

🫑 酸里透着甜

😋 **主料**：山楂 250 克。

配料：细砂糖 250 克。

🕐 **做法**

❶ 山楂洗净，用厨房纸巾擦干表面水分，去蒂，从中间横向剖开，去籽，取 3~4 个山楂穿在一根竹签上。

❷ 锅置火上，放入细砂糖和 250 毫升清水，小火熬煮至细砂糖溶化且冒大气泡，依次放入一串山楂裹匀糖液，放到玻璃盘中晾凉后即可食用。

营养
贴士　　常吃些山楂能增强食欲、改善睡眠、预防心脑血管疾病。

🍲 **烹饪秘笈**

用筷子蘸些糖液滴到冷水中，如果糖的口感又硬又脆，说明糖液煮好了，可以放入山楂了，如果糖是软的就再熬一会儿。

黄桃罐头

小时候的味道

🥄 **主料**：黄桃 500 克。
配料：冰糖 100 克。

🕐 **做法**

❶ 黄桃洗净，去皮、核，切块。

❷ 把切好的黄桃块放入汤锅里，加冰糖和 250 毫升清水，大火煮开，转小火煮 15 分钟，装入密封罐中，冷藏一天后即可食用。

（营养贴士）　　常吃些黄桃能起到通便、降血脂、对抗自由基、延缓衰老、提高免疫力等作用。

🍲 烹饪秘笈

黄桃不宜选肉质比较软的，不然一煮桃肉就散了，汤水就不清澈了。

五香瓜子

🫑 嗑上就停不下来

🫑 主料：生葵花子 500 克。

配料：香叶 2 片，大料 1 个，盐 10 克，桂皮、小茴香各适量。

🕐 做法

❶ 葵花子洗净，随配料一同放入锅中，加入没过葵花子的清水，大火煮开后转小火煮 15 分钟，关火，让葵花子在汤汁中浸泡一夜。

❷ 将浸泡好的葵花子捞出来，晾干表面的水分；炒锅不放油烧热，放入葵花子，小火翻炒至完全干燥且瓜子仁熟即可。

（营养贴士）　饭后嗑瓜子能够使整个消化系统活跃起来，利于葵花子中维生素 E、蛋白质的吸收。一般来说，在饭后嗑葵花子不宜超过 50 克。

 烹饪秘笈

炒瓜子一定要用小火，否则瓜子外面炒煳了里面却是生的。

山楂糕

酸甜爽滑

主料：鲜山楂 250 克。
配料：冰糖 75 克。

做法

❶ 山楂洗净，去蒂，从中间横向剖开，去籽，放入汤锅中，加冰糖和 75 毫升清水，小火煮至山楂变软，倒入料理机中打成山楂糊。

❷ 在山楂糊中加 250 毫升清水搅拌均匀，再倒入汤锅中，小火煮至黏稠，倒入盛器中，冷却至凝固后切块即可。

营养贴士　　山楂不仅能消食，而且其含有的维生素 C、脂肪酶、矿物质等营养素，有助于降脂、减肥、美容、降糖。

烹饪秘笈

● 加水量不宜多，不然会增加熬煮至黏稠的时间。

● 山楂糊一定要熬煮至黏稠，不然冷却后不易成形。

苹果果脯

润甜爽口

😋 主料：苹果 10 个。

🕐 做法

❶苹果洗净，去皮、核，一个苹果切成 8 块，放入蒸锅，上汽后蒸 10 分钟。

❷把蒸好的苹果放入烤盘中，上下火 100 摄氏度烤 2 个小时左右（中间翻几次面），至果肉起皱、口感合适，取出冷却，吃不完的放入密封盒里保存即可。

营养贴士

● 红苹果、青苹果、黄苹果这三种苹果，除了胡萝卜素外，其他营养成分并没有很大的差别。

● 苹果生吃通便，熟吃止泻。

🍲 烹饪秘笈

苹果切好后应马上入锅蒸制，以免表面氧化变黑。

烤红薯

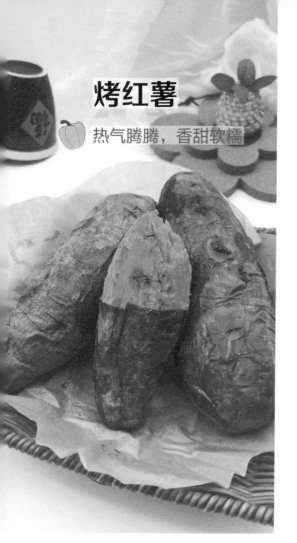

热气腾腾，香甜软糯

○ **主料**：红薯 500 克。

○ **做法**

❶ 红薯洗净，用厨房
纸巾吸干表面的水
分。

❷ 将红薯放在烤箱中
层的烤架上，用
200 摄氏度的上下
火烤 35 分钟左右，
烤至用筷子能轻松
插入，取出，晾至
温热即可食用。

営养
贴士

红薯富含维生素 C、维生素 B_6、钾、β－胡萝卜素和
叶酸，这些成分均有助于预防动脉硬化，让血管变得年轻。

🍲 烹饪秘笈

选用细长或个头小的红薯更容易烤熟。

香橙果冻

清甜爽滑，入口即化

🌙 主料：橙子 1 个，鱼胶粉 4 克。

配料：白糖适量。

🕐 做法

❶ 鱼胶粉中加 20 毫升清水调匀；橙子洗净，对半切开，取出果肉，橙子皮别扔，备用。

❷ 把橙子果肉放入料理机中榨汁，过滤一下后，放入锅中，加白糖煮至化开，倒入鱼胶粉水搅拌均匀，离火，晾凉，倒入橙子皮中，包好保鲜膜，放入冰箱冷藏至凝固，把冻好的果冻取出切块即可。

营养
贴士

橙子富含的维生素 C 能增强皮肤对日光的抵抗力，抑制色斑形成，还可帮助增强皮肤弹性，让肌肤更有光泽。

🍲 烹饪秘笈

煮好的橙汁宜晾凉后再倒入橙子皮中，不然橙汁太热会让橙子皮软塌变形。

盐焗腰果

咸香酥脆

🌙 主料：腰果 200 克。
　　配料：粗盐 500 克。

🕐 做法

❶ 取一个小砂锅，铺上一层 0.5 厘米厚的粗盐，再铺上一层腰果，再铺上一层粗盐，盖严锅盖，置火上。

❷ 开最小火焗 10 分钟，关火，不开锅盖焖 5 分钟，取出腰果，抖落盐粒，晾凉至口感酥脆即可食用，按此方法将所有腰果焗熟即可。

营养贴士　腰果中维生素 B_1 的含量仅次于芝麻和花生，有补充体力、消除疲劳的效果，适合易疲倦的人食用。

🍲 烹饪秘笈

● 用小一点的砂锅，用盐会比较省。

● 焗制中用的粗盐冷却后可以保存起来，下次可以重复使用。

薄盐烤鹰嘴豆

脆脆的满口香

😋 主料：鹰嘴豆 250 克。

配料：盐、植物油、咖喱粉、孜然粉各适量。

🕐 做法

❶ 鹰嘴豆洗净，煮熟，若豆衣分离，要把豆衣去除，控干水分，倒入烤盘中，送进烤箱用 100 摄氏度烤 10 分钟，取出，加入盐、油、咖喱粉、孜然粉拌匀。

❷ 再次将鹰嘴豆送入烤箱，用 150 摄氏度烤 60 分钟，至鹰嘴豆个头缩小且口感酥脆，取出晾凉食用即可。

营养
贴士
　　鹰嘴豆虽好，但每次食用量最好控制在 30 克以内，否则容易导致消化不良以及引起肥胖。

🍲 烹饪秘笈

用相同的方法也可以做出脆黄豆、脆青豆。

附录

谷类、薯类食物互换表（能量相当于 50g 米、面的食物）

食物名称	市品重量 / (g) *	食物名称	市品重量 / (g) *
稻米或面粉	50	烙饼	70
面条（挂面）	50	烧饼	60
面条（切面）	60	油条	45
米饭	籼米 150，粳米 110	面包	55
米粥	375	饼干	40
馒头	80	鲜玉米（市品）	350
花卷	80	红薯、白薯（生）	190

成品按照与原料的能量比折算

蔬菜类食物互换表（市品相当于 100g 可食部重量）

食物名称	市品重量 / (g) *	食物名称	市品重量 / (g) *
萝卜	105	菠菜、油菜、小白菜	120
樱桃西红柿	100	圆白菜	115
西红柿	100	大白菜	115
柿子椒	120	芹菜	150
黄瓜	110	蒜苗	120
茄子	110	菜花	120
冬瓜	125	莴笋	160
韭菜	110	藕	115

按照市品可食部百分比

水果食物互换表（市品相当于 100g 可食部重量）

食物名称	市品重量 /（g）*	食物名称	市品重量 /（g）*
苹果	130	柑橘、橙	130
梨	120	香蕉	170
桃	120	芒果	150
鲜枣	115	火龙果	145
葡萄	115	菠萝	150
草莓	105	猕猴桃	120
柿子	115	西瓜	180

按照市品可食部百分比折算

豆类食物互换图（按蛋白质含量）

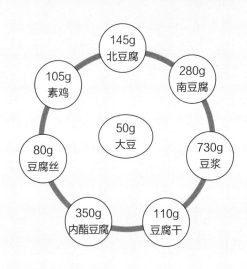

数据来源：《中国居民膳食指南》